GIPUZKOAKO ARTZANTZA

LEIZAOLA, Fermin

Gipuzkoako artzantza / Fermin Leizaola; argazkiak, Gema Arrugaeta. - [Donostia-San Sebastián]: Gipuzkoako Foru Aldundia, Kultura, Euskara, Gazteria eta Kirol Departamentua / Diputación Foral de Gipuzkoa, Departamento de Cultura, Euskera, Juventud y Deportes, D.L. 1999

120 p.: il. col. y n.; 30 cm. - (Bertan; 13)

Texto en euskara, castellano, francés e inglés. - Bibliografía: p. 72. - Indice

ISBN 84-7907-294-6

1. Pastoreo - Gipuzkoa 2. Pastores - Gipuzkoa - Usos y costumbres

I. Arrugaeta, Gema, il. II. Gipuzkoa. Departamento de Cultura, Euskera, Juventud y Deportes, ed. III. Título IV. Serie

636.3.083 (460.154)

39(460.154): 636.3.083

BERTAN

13

GIPUZKOAKO ARTZANTZA

FERMIN LEIZAOLA. Argazkiak GEMA ARRUGAETA

Gipuzkoako Foru Aldundia
Diputación Foral de Gipuzkoa

Kultura, Euskara, Gazteria eta Kirol Departamentua
Departamento de Cultura, Euskera, Juventud y Deportes

I

II

III

I Dunba zintzarria daraman uztaia ixten.

II Angel Artza gaztak egiten Enirio-Aralarko bordan.

III Artzaina eta artzain txakurra Degurixako zelaietan (Aretxabaleta).

IV Elixabete Arrillaga, Urbiako Laskolatza bordakoa, ardia ondoan duela.

IV

KULTURA, EUSKARA, GAZTERIA ETA KIROLETAKO DIPUTATUA:
Luis Bandres Unanue
KULTURAKO ZUZENDARIA: Mª Jesús Aranburu Orbegozo

Fitxa teknikoa:
GIPUZKOAKO ARTZANTZA
BERTAN 13
LG SS-1193/99
ISBN 84-7907-294-6
© EDIZIOA: Gipuzkoako Foru Aldundia
Kultura, Euskara, Gazteria eta Kirol Departamentua
© TESTUA: Fermin Leizaola
© ARGAZKIAK: Gema Arrugaeta
© FRANTSESERAKO eta INGELESERAKO ITZULPENA: TISA, Traductores e Intérpretes, S.A.
© EUSKARARAKO ITZULPENA: Euskararen Normalkuntzako Zuzendaritza - Gipuzkoako Foru Aldundia.
BILDUMAREN DISEINUA: Xabi Otero
MAKETAZIOA eta KOORDINAZIOA: Javier López Altuna
FOTOMEKANIKA: Egia, S.A.L.
INPRIMAKETA: Egia, S.A.L.

V

VI

V Juan Isidro Sukia artzaina Gaintzan. Atzean Aralarko mendiak Larrunarri tontorra (Txindoki) bistaratzen dela.

VI Ardiari ilea mozten ohiko eran.

VII Ardia bere arkumeari titia ematen.

VII

Aurkibidea

Eskaintza:

ARAN ETA MUÑO GAIÑEZ
ARALAR AUNDIA
EUSKOTARREN ZAINDARI
MIKELEN MENDIA

Xabier Lizardi

1. Elordi (Aralar) inguruan artzantzan.

Artzain orori eta bereziki gipuzkoarrei. Batez ere gogoratu nahi ditut hemen hainbat urtetan zehar nire lagun izan diren ondoko hauek: Apotzagako Ramon Urrutia Degurixako zelaiko artzaina izan zena; Ataungo Patxi Goikoetxea "Patxi Beiztin" Aralarko Ezkizubarren sarobean bizi zen artzain eta eskulangilea; Arabako Andoingo Fausto Garcia de Albeniz, Legaireko artzaina, negua Irunen pasatzen zuena; Azkarateko Migel eta Mariano Goikoetxea "Borda" Andimendiko artzainak, neguak lehenak Zestoako Arroa Goian eta bigarrenak Nafarroako Etxarri Aranazen pasatzen zituztenak; Amezketako Lukas Artano, Aralarko Arritzagako sakanean, Buruntuzin sarobeko artzaina; Zaldibiako Juan Ramon Nazabal eta bere seme Bixente, Aralarko Kutixaoko sarobeko artzainak; Zegamako Agapito Oiarbide, Aizkorriko Oltzeko artzaina; Zegamako Inazio Zabaleta "Mazkarra", Andia-Urbasako artzaina; Arruazuko Jose Mari Ganboa, Aralar nafarreko Albiko sarobeko artzaina; Arabako Atauriko Teófilo López de

Arbina, artzain eta zaligilea; eta hil berri den Zaldibiako Eulogio Mendizabal, Aralarko Oiduiko sarobeko artzaina zena.

Gure artean ez dauden horiei guztiei eta lanbide zahar eta gogor horretan ari eta azkenengo berrogei urte hauetan nire galdera eta galde sorta amaiezinei apaltasun handiz erantzun dieten guztiei, horiek guztiek emandako daturik gabe ezin izango bainuen ez lan hau egin ez eta Euskal Herriko artzainen bizimoduari buruz etnografiako ikerketa arloan egin ditudan gainerako lanik ere.

2. Urbiako larreak, atzean Aizkorri, Arbelaitz gailurra eta Arbelarreko sarobea ikusten direlarik.

Sarrera

Gipuzkoako antzinako lurraldea mendi pirinioarren mendebalean dago kokatuta. Mugak: Bizkaiko golkoa iparraldean, Araba eta Nafarroa hegoaldean, Bizkaia eta Araba mendebalean eta Lapurdi eta Nafarroa ekialdean.

Kokalekuaren koordenadak ondoko hauek dira: I. latitudearen 42°53′45″ eta 43°23′46″ bitartean eta W. (Greenwich) latitudearen 1°43′40″ eta 2°36′05″ bitartean.

3. Orendain, Enirio-Aralarko Mankomunitateko herria.

Gipuzkoak 1.997 km^2 ditu eta zazpiehun mila biztanle gutxi gorabehera, beraz biztanle dentsitate handia du, 350 biztanle kilometro koadroko.

Gailurrik handiena Aitzuri da, 1.551 metro dituena. Aketegitik gertu dago, Aizkorri mendigunean. Gipuzkoaren hegoaldeko mugan sortzen dira ibai nagusiak eta, sare hidrografikoa osatuz, iparraldean isurtzen dute beren ura. Ibaiek ibilbidean bailara sakon eta estuak sortzen dituzte eta bailara horietan, haranetan, kokatu ziren biztanle gunerik handienak, eta industri lantegiak ere. Herriak eta lantegiak bat bestearen atzetik kokatuta daude arro handienetan, eta askotan hor ikus daitekeena herri multzo luze bat da. Ibai nagusiak, mendebaletik ekialdera, Deba, Oria, Urola, Urumea, Oiartzun eta Bidasoa dira.

Nekazaritza eta mendi guneetan, herrietatik urrunduta dauden gune txikietan bizi dira, auzo eta elizateetan. Auzo horietan elizatxoak, biltokiak eta jolastokiak egon ohi dira, udal barrutiaren luze-zabaleran sakabanatuta dauden baserrietan bizi direnen elkargune direnak, hain zuzen. Leku horietan, oro har, nekazaritzatik bizi dira. Hori horrela bada ere lehen sektorera dedikatzen den jendea jaisten ari dela argi eta garbi ikusten ari gara, haranetan, ibai nagusien ondoan, dauden bizileku handiagoetan bizitzen jartzeko. Nekazari jendea bere ingurunea utzi eta hiri eta herri handietako industri sektorera edo zerbitzuetara joaten ari da lan bila.

Larreak eta larreratze motak

Artzainak aitzinatik ari dira zeregin horretan eta batez ere mendietako larre natural oparoetan egon ohi dira beren ardiekin. Gipuzkoako larre natural horiek hartzen duten luze-zabalera ondoko hau da eskualdeka:

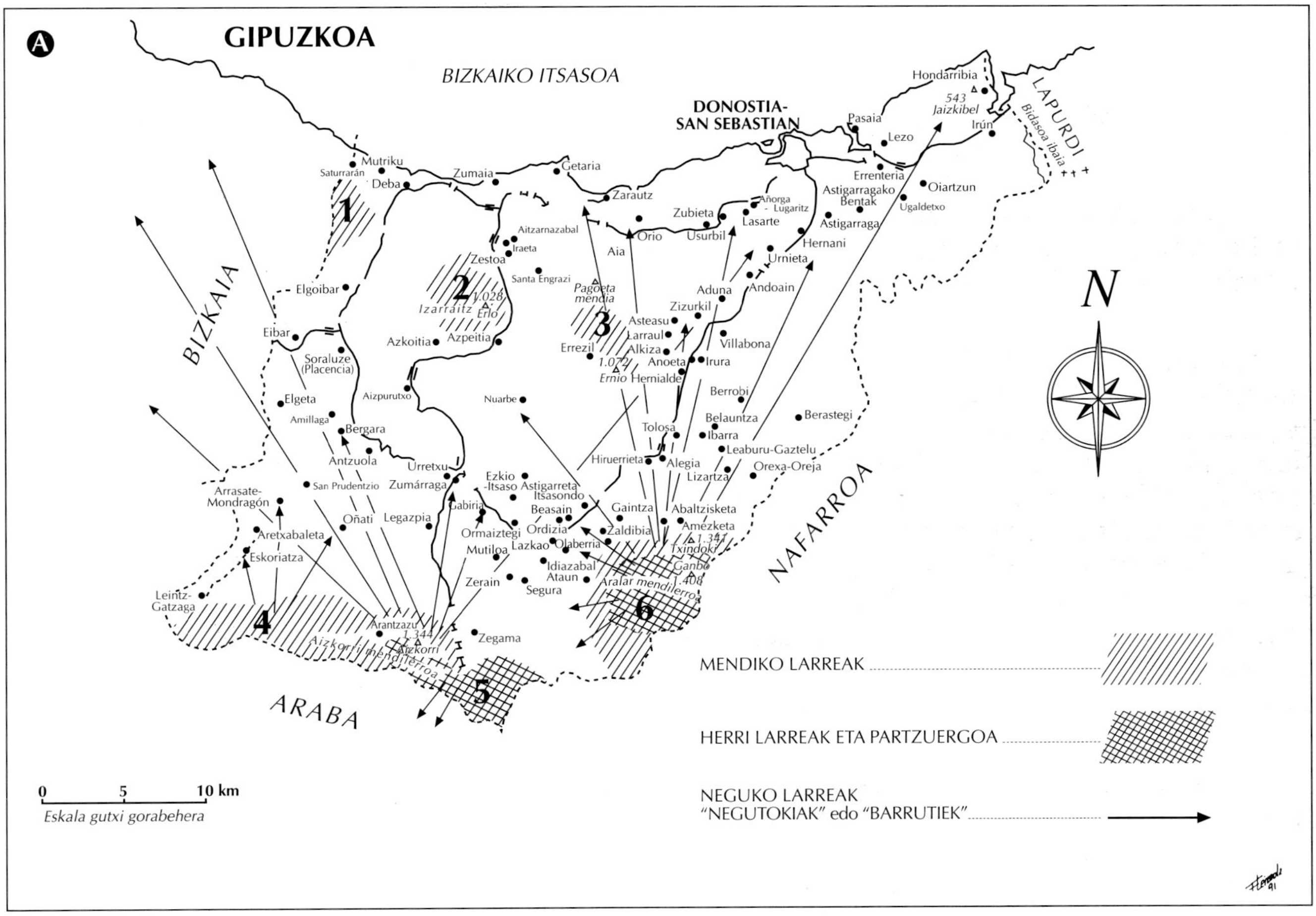

Gipuzkoako larreen planoa (uda eta negu):

1. Arno.

2. Izarraitz.

3. Ernio.

4. Zaraia.

5. Aizkorri-Altzania.

6. Enirio Aralar.

	Hektareak
Bidasoa-Donostialdea	12.051
Deba Garaia	5.604
Goierri	11.541
Tolosaldea	9.277
Guztira	**53.579**

Artzain eta abereak larre natural oparoak, oraindik ere batzuetan herri onura eta probetxamendukoak, dauden mendien magal edo oinean bizi direnak dira oro har.

Larre horiek 400 eta 1.500 m bitartean daude. Larreratzeko lekurik garrantzitsuenak ondoko hauek dira (ikus 1. mapa):

4. Maiatza hasieran artaldea mendiko larreetara eramaten azarora bitartean.

Hegoaldean: Zaraia, Elgea, Altzania eta Aizkorri mendilerroak.

Erdialdean: Izarraitz mendigunea, Andutz, Murumendi eta Ernio-Gazume mendigunea.

Hego ekialdean: Gipuzkoako Aralar mendiak eta Ataungo mendiak.

Ipar ekialdean: Jaizkibel mendia.

Ekialdean: Adarra-Mandoegi mendigunea eta Ipuliño eta Uli mendiak.

Larreratze motak, berriz, ondoko hauek dira:

-Larre aldaketa txikia.

-Herri mugakideetako larreetakoa.

-Bordako artzaintza (larrean bertan edo baserrian).

-Ikuilukoa.

Larre aldaketa txikia udan beren artaldeak Aizkorri, Altzania eta batez ere Aralarren edukitzen dituzten artzainek egiten dute. Artzainek 600 eta 1.500 m artean dauden lekuetara eramaten dituzte beren ardiak. Ardiak udaberritik udazken amaiera aldera arte mendi horietako larre naturaletan egoten dira eta negua etortzen denean eta larreak ahitzen zaizkienean larre artifizial eta moztu beharrekoetara jaisten dira, itsas ertzera eta Gipuzkoa eta Bizkaiko beheko haranetara. Belar soro edo barrutietan egon ohi dira hurrengo udaberrira arte, zehazki maiatzaren hasiera arte.

5. Artzaina eta artaldea Larraitzetik Errekontako lepora (Zaldibia) igotzen.

Herri mugakideen larreetakoa (trasterminantzia) batez ere Zaraia, Izarraitz eta Ernio mendilerroetan egiten dute. Artzainak jetzialdiaren amaiera arte, sarobean daukaten txabolan geratzen dira eta, behin ardiak lehor geratu direnean (ez direnean gehiago jezten), tarteka-marteka bakarrik igotzen dira txabolara eta lo egiten geratzen. Hotza eta elurra iristen direnean, jada larreak ihartuta, artzaina haranean edo mendiaren maldan duen baserrira itzultzen da artaldearekin.

6. Gaintzako Urretabizkaia baserriko Joxantonio Ormazabal, Muitzeko (Aralar) sarobean.

Gaur egun artzain askok ohiturak eta abereak gidatzeko erak aldatu egin dituzte, artzain horiek jetzialdian bakarrik joaten baitira mendira, eta han geratzen dira artaldea bildu eta antolatzen. Baina esnea baserrira jaisten dute ibilgailuren batean han gazta egiteko. Gaur egun asko dira, ia gehienak, gazta lantegi bati saltzen diotenak. Jetzialdia amaitu ondoren, sarobera tarteka igotzen dira artaldea non dagoen ikustera eta, halaber, bildu, zenbatu, zaintzera eta abarretara.

Bordako artzaintza baserritik ez oso urrutiko larreak dituzten artzainek egiten dute. Larre horietan oro har borda bat egon ohi da, eta aldamenean ardientzako beste leku batzuk ere. Hor edukitzen dituzte ikuiluan bezala artalde txiki batzuk. Artaldeak 25 eta 80 buru bitartekoak izaten dira. Oro har, baserritarrak berak zaindu eta ibiltzen du hara eta hona artaldea. Gainera, nekazari lanak ere egin behar izaten ditu eta baserriko ukuiluan duen behi azienda, esnetarakoa eta haragitarakoa, gobernatu ere.

7. Gezaltzako baserria (Arantzazuko bailara) hobetutako larreetan ardiak bazkatzen daudela.

Larreratutako abereak

Larreratu ardi, zaldi eta behi aziendak larreratzen dituzte. Batzuetan txerri aziendak ere eramaten dituzte larreetara eta ahuntzak ere leku jakin batzuetara. Ahuntz aziendek, zuhaitz eta zuhaixken begiak eta zurtoin gazteak kimatzen dituenez, arau zorrotzak bete behar izaten dituzte, ezin dutelarik azienda nonahi larreratu. Horrela, 1697ko Gipuzkoako Foruak XL. idazpuruko VI. atalburuan ondoko hau dio: "inork ezin ditu Probintzian ahuntzak lerreratu, bere lursailetan ez bada"[1].

8. Gaintzako Gorostizu baserriko Jose Ignacio Gorostegi ahuntz taldearekin.

Liburu honetan batez ere artaldeak larreratzeaz arituko gara eta larreratzen diren gainerakoak labur-labur besterik ez ditugu aipatuko.

Gipuzkoan ohiki larreratzen den ardi arraza bakarra **latxa** arraza deitzen dena da.

Latxa Euskal Herriko bertako ardi arraza da, dirudienez Neolitikotik bertan etxekotuta dagoena. Dituen ezaugarri morfologikoak ondoko hauek dira:

9. Latxa arrazako ardi mutur gorriaren buruaren xehetasuna.

-Garaiera soinean: 60 cm.

-Emearen pisua bizirik: 40,5 kg.

-Artile oso zakarra, xerlo ireki eta oso luzea (30 cm) duena, bizkarrean erdiko arraia berezi hori eginez.

-Iletximak garbitu gabe 1,5 eta 2 kg pisatu ohi du.

-Oso ohituta dago bizi den lekuko klima eta habitat epel eta hezean.

-Esne asko ematen du, urtean 120 egunetan egunero litro bat baino gehiago ematen baitu.

-Egoera normalean, gutxienez arkume bat hazten du urtean.

Arraza landatiar horrek ekotipo ezberdinak ditu: badaude batzuek aurpegi zuria, gorrixka edo pintua dutenak, ardi mutur txuri, ardi mutur gorri edo ardi mutur pinto deritzenak hurrenez hurren, eta Aralarko mendietan eta Oria, Urumea, Oiartzun, Bidasoa ibaien erroetan eta horko inguruetan daudenak batez ere.

Beste ekotipoa, ardi mutur beltza deritzona da, Altzaniako Partzuergoaren lurretan, Aizkorriko mendilerroan, Zaraia mendigunean, Leniz haraneko mendietan eta, oro har, Urola eta Deba ibaien goiko eta erdi mailako erroetan egon ohi dena.

Ekotipo horiez gain, badaude beste batzuk ere, eta horietakoak dira kopetean mototsa dutenak, mototsdunak deituak, edota adarrak dituzten emeak, adardunak deritzenak.

Ez dira asko izaten artile beltza dutenak, baina artalde guztietan egoten dira bat edo bi. Baliteke hori horrela izatea artzainen munduan uste delako artaldean buru beltz batzuk edukiz babestuta geratuko dela sorginkerietatik eta gaixotasunetatik. Beraz, ohitura horrek izaera profilaktikoa du eta ahozko tradizioaren bidez mendez mende iraun du.

Gipuzkoako leku gutxi batzuetan *sasi ardi* deitutako buru batzuk ere geratzen dira. Ardi oso basatiak dira, leku malkarretan ibiltzen direnak, larre zakarrak dauden lekuetan eta jabeek jaramon handirik egin gabe. Tamaina txikikoak dira, artile latz eta zakarrekoak eta hanka sendokoak.

10. Latxa arrazako ardi eta arkume mutur beltzak.

Ardibideak eta herri larreak

Bizitzeko beste era batzuk agertu zirenean gure aroaren aurreko hirugarren milurtekoan eta abere eta landare batzuk etxekotu zituztenean, historiaurreko euskaldunak bizitza iraultzailea hasi zuen, artzaintzan hasi zen. Horretarako artaldea zaindu eta harantz eta honantz ibili behar zuen artzaina behartuta zegoen larreak bilatzera eta horretarako mugitzera. Neolitiko eta Burdin Aroan gure mendietan bizi ziren gizon horien lekuko ixil dira gure mendietan aurki ditzakegun triku harriak edo trego harriak, harrespilak edo mairubaratzak eta menhirrak. Gaur egun oraindik ere artzainen sarobeak dauden lekuetan eta artaldearen ibilbidean zehar zeuden mendilepoetan aurki daitezke.

11. Buruntzuzineko sarobea, Amezketako Lukas Artanoren borda zaharra, atzean, mendi magalaren erdi parean, Ariñateko sarobea (Aralar).

Gipuzkoako artaldeen ardibide eta negutoki nagusienen mapa.

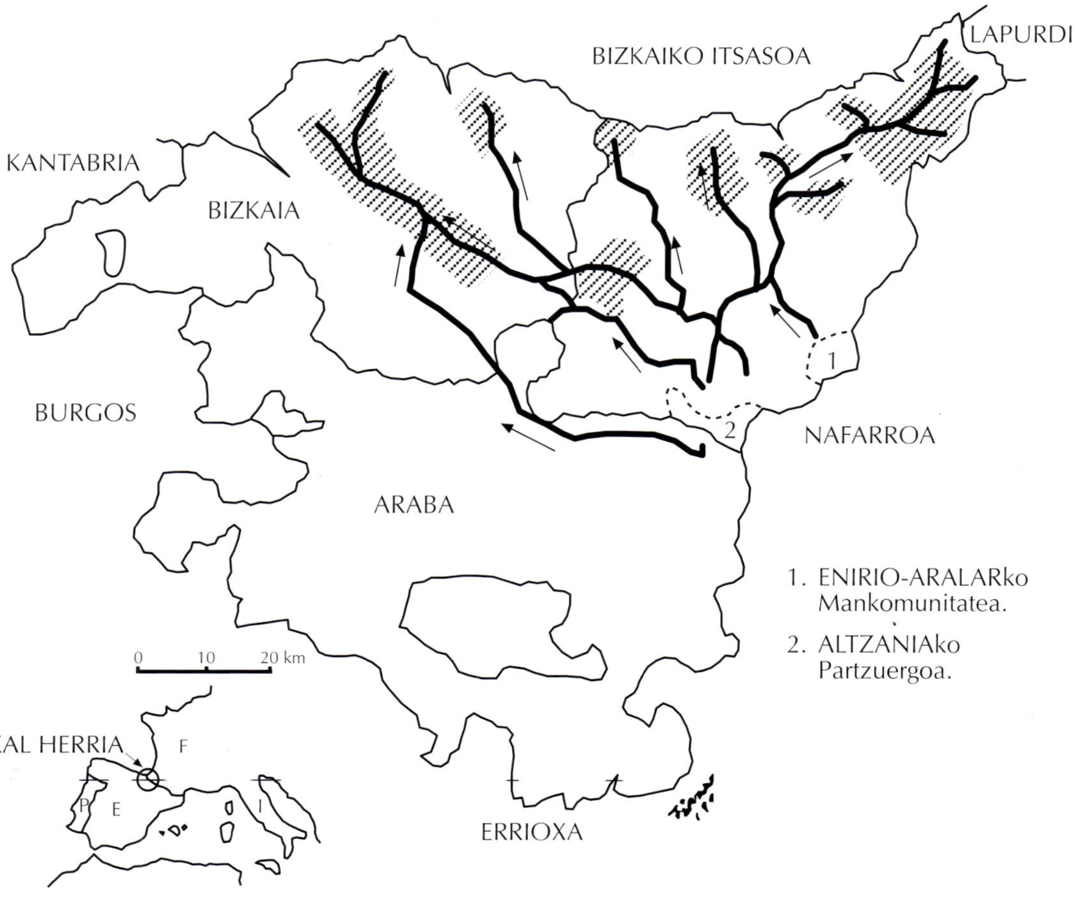

1. ENIRIO-ARALARko Mankomunitatea.
2. ALTZANIAko Partzuergoa.

12. Artaldea
Ondarreko bidean gora
(Aralar).

Elur garaia, larre eskasia eta ardien erditze sasoia iragarriz, udazkeneko lehen hotzak iristen direnean, artzainek udaberrira arte mendia utzi eta abelbide edo altxonbideetatik haranetara edo itsasertzera jaisten dituzte beren artaldeak. Gipuzkoan gaur egun arte erabiltzen diren ardibide horiek ez dute izan Nafarroan errege mendarte sarearekin edo Frantzian "les drailles"[2] deiturikoekin edo Espainian Mestako[3] mendarteekin izan duten garrantzia.

Mendez mende gure artzainek ibilbide berdin samarrak hartu dituzte negua pasatzeko lekura iristeko, mendiz mendi ibiliz, pasabideei jarraituz eta muinoak zeharkatuz. Gaur egun daukagun aurrerapen teknologikoak eta, hortaz, elkarrekin komunikatzeko ditugun bitartekoak areagotzeak ekarri dute ondorioz ia ezina izatea artaldeak errepideetatik eramatea arriskurik gabe bai batzuentzat eta bai besteentzat. Gaur egun horregatik erabaki dute hain zuzen artzainek kamioietan eramatea artaldeak bai mendiko larreetara bai negukoetara joan behar dutenean. Hala ere, horrek ere baditu bere arrisku eta zailtasunak, izan ere batzuetan ahalik eta buru gehien sartu beharraren beharraz abereak itota iristen baitira larreetara, bero izugarria izan dutelako edota gehiegi sartu dituztelako. Bestalde, egun badaude negua pasatzeko herrian bertan, mendiaren oinean, pabeloi eta naberen batean geratzen diren artzainak. Orain, beraz, udaberrian, maiatzaren lehen

egunetan, artaldeak mendiko larreetan udan zehar bazkatzera sarobeetara eramaten dituztenean, ardien pasaerak ez ditu gehiago alaituko beren balaka eta tintinekin pasatzen diren herrietako kaleak. Ez du artaldeen pasaerak iruzkin eta solasik aterako herrietako jendearen artean, lehen elkarri abereen itxurari buruzko iruzkinak egiten zizkiotenean bezala, edota zenbat buru zeramatzan artzainak eztabaidatzen zutenean edo ileantzaren kalitateaz aritzen zirenean, edo zeramatzaten zintzarrien hotsa entzuten zutenean, eta horrelako beste hainbat gauzez solasean jarduten zutenean bezala.

13. Udazken bukaeran ardiak haranera edo itsasertzera jaisten dira. Arritzagako sakana Aralarren.

Beterriko eta Bizkaia eta Gipuzkoako itsasertzeko baserrietara negua pasatzera joateko gipuzkoar artzainek hartzen zituzten bideetako batzuk ondoko hauek dira:

Mailoetan eta Arritzagako meategietako haitzarteetan, leku laiotz edo ospeltzat hartzen zirenetan, egon ohi ziren artzainek ondoko ibilbide hau egiten zuten: Amezketako Ugarte auzotik Bedaiora eta Gurdileko lepora, gero Araitz haranera jeisten ziren, Azkaratetik Arribera. Hortik, Ulangatetik Berastegiko Uli mendira igotzen ziren, ondoren Belabietako muinotik Amasako baserrietara eta hortik Andoainera jaisten ziren. Andoaindik, Berrospetik, Urnietako bideari jarraituz, Hernani eta Astigarragara.

Astigarragako bentan bideadar ezberdinak hartzen zituzten: zein herritako baserritara, edo Altza, edo Errenteria, edo Oiartzun, edo Hondarribia edo Irungo baserrietara joan behar zuten, bada hango bidea hartzen zuten.

Beste bide garrantzitsua ondoko hau da: Gipuzkoa aldeko Aralartik hasita, mendietako alderdi egutera eta erdikoa hartzen zuten artzain batzuek. Bide hori Zaldibia, Ordizia, Arama eta Berrostegi auzoa pasatu ondoren Argisiaingo Santa Marinaren inguruetara igotzen zen eta

14. Keixeta artzaina Ernioko bordatik azokara jaisten.

Albisturko Santutxoko bidegurutzera iristen. Santutxon geldialdia egin eta Bidania aldera joaten zen, Ernioren hego maldatik igo, mendigune hori zeharkatu Zelatungo muinotik eta Iturriozko bentara eta Andazarrate gainera iristen zen. Hor bidea banatu egiten zen. Lehenengoak Asteasu, Zizurkil, Aduna, Zubieta, Lasarte eta Usurbilera eramaten zuen, eta besteak Aia, Aizarnazabal, Zestoa, Aizarna, Zarautz eta Getariara.

Bestalde, Altzania eta Aizkorriko artzainek Bizkaia aldera eraman ohi zituzten beren artaldeak, Asua, Mungia edo Gernika ibaiaren ondoko herrietakoren batean geratuz neguan. Herri horietako askotako azoketan ardi esnez egindako gaztak saltzen zituzten artzainek.

Arrakasta handia izaten zuten gainera gazta horiek, gaur egun ordea, osasun kontrolak direla eta, ez dute artzainek gaztarik egiten.

15. Zaldibiako larreak, atzean Txindokiko tontorra.

Herri larreak

Lursailak lehen herriarenak izan ohi ziren eta, hortaz, herritarrek erabiltzen zituzten libreki. Oraindik ere badaude gure egunotan horrelako lursailak. Mendiguneetan dauden herri larreak dira eta lursail horietara bazkatzera abereak eraman nahi dituztenek horretarako egindako araudia bete behar dute.

Euskal Herrian badaude horrelako lurralde batzuk eta inguruko herrietako auzokoek erabiltzen dituzte. Horrelakoak dira Gipuzkoan Enirio Aralarko Batasuna, lehen Bozue Handia eta Bozue Txikia deitzen zitzaiona, eta Arabako Partzuergo Orokorra. Enirio Aralarko larreak Amezketa, Abaltzisketa, Orendain, Baliarrain eta Ikaztegietako herritarrek, hau da Bozue Handikoek, eta Ordizia, Altzaga, Arama, Ataun, Beasain, Itsasondo, Gaintza, Lazkao, Legorreta eta Zaldibiakoek, Bozue Txikikoek, erabil ditzakete.

16. Artaldea Aralarren bazkatzen.

Egoitza, idazkaritza iraunkorra eta administrazioa eta artxiboa ere Ordiziako udaletxean dago.

Herri lursail horiek 1.757 ha dira luze-zabal. Larre erkidego horren jatorri dokumentatua Enrike III.ak 1400. urtean Juan de Amezketa jaunaren alde egin zuen dohaintzan dago oinarrituta. Gero, jaun horrek herri horiei utzi eta eskualdatu zizkien lursailak azaroaren 14an Martin Ibañez de Aramburu Ordiziako eskribauaren aurrean emandako eskritura baten bidez.

Herritar horiek Aralarko mendietan dituzten eskubideak beren abereentzako larre librea eta beren txaboletarako ura eta sutarako eroritako egurrak libreki hartzea dira. Era berean, txabola konpondu edo egiteko behar duten zura, basozainak zuhaitzak markatu ondoren, hartzeko eskubidea ere badute. Gaur egun kanon txiki bat ordaindu behar dute urtean abelburu handi edo txiki

17. Borda zaharra Aralarko laiotzean.

18. Miguel Murua artzainak urte askotan Oiduin (Aralar) erabili zuen borda.

bakoitzeko, eta txabolaren eta hango eranskinen usufruktua ere bai.

Arabako eta Gipuzkoako Partzuergo Orokorra, Altzaniakoa, probintziaren hegoaldean dago eta, beste batzuen artean, hor sartzen dira Aizkorriko mendilerroa eta San Adrian, Urdalur, Iramendi, Oltze, Laskolatza, Arbelar eta Urbiako alderdiak. Partzuergoak 3.716 ha ditu eta larreak erabili eta ura eta egurra hartzeko eskubidea dute Gipuzkoatik Idiazabal, Segura, Zerain eta Zegamako herrikoek eta Asparrena eta Donemiliaga haranetako herrietakoek Arabatik. Lursail horien zati bat, 640 ha dituena, Partzoneria Txikia edo Komun Txikia deiturikoa da. Horko lursailak Idiazabal, Segura, Zegama eta Zeraingo herritarrek erabil ditzakete bakarrik. Bi partzoneria horien egoitza, eta artxiboa ere, Segurako udaletxean dago iraunkorki.

19. Degurixako (Aretxabaleta-Eskoriatza) zelaiko zingiran dauden bordetako bat.

Sarobeak, kortak eta artzainen eraikuntzak

Abereak abaro egitera joaten diren eta artzainak gauean biltzen dituen lekua da sarobea. Era berean, mendiko larretan udaberria eta udazkena bitartean artzainak bizi diren txabolen ingurua da.

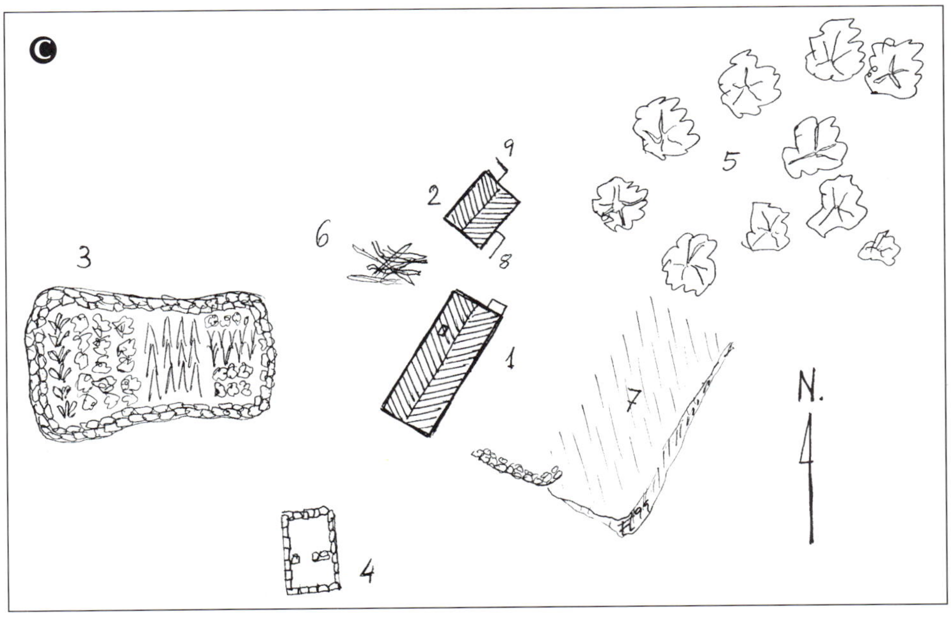

OABIEL. Gipuzkoako Aralar. Ingurua: Egutera. Oabielgo sarobea.

Juan Ignacio Begiristain Ibondo baserria - Aia auzoa - Ataun.

1. Artzainaren txabola.

2. Eilorra-Oilotegia.

3. Baratza.

4. Lehengo txabola baten arrastoak - orain zabortegia.

5. Lizardia, aboraleku edo gausare gisa erabiltzen dena.

6. Egurtegia.

7. Txabola berria egiteko zelaiunea.

8 eta 9. Txakurtegia.

Euskaraz, lekuen arabera, izen ezberdinak hartzen ditu: saroi, sarobe, sare, gorka, korta, etab.

Sarobeak, oro har, haizearen babesean dauden lekuetan egon ohi dira, ibar batean, sakangune edo lutogune batean, haitz baten ondoan, etab. Sarobeak, artzainak denbora batean bizitzeko, txabola bat edo gehiago izan ohi ditu eta eranskin batzuk ere, arditegia adibidez ardien aterpe gisa. Inguruan, gainera, barazkiak (porru, patata, letxuga, azenario, baratxuri, perexil, aza eta horrelakoak) hazteko baratzak edukitzen dituzte eta eskortak, jeztokiak edo artizkuneak ardiak jezteko.

20. Doniturrieta Azpikoa sarobeko (Aralarko eguteran) artaldea eskortan edo jeztokian.

Eskortak eta jeztokiak kareorerik gabeko harrizko hormazkoak izaten dira eta egur edo ohol hesiez itxita egoten. Txabola eta arditegiaren ondoan txakurtegiak edukitzen dituzte. Egon ohi dira beste eraikin batzuk ere kasu batzuetan: oilotegiak, txerritegiak, eilorrak (eraikin oso arruntak, estalki gisa garo geruza lodia dutena, bi aldekoa), eta kareorerik gabeko harri hormazko itxitura handi bat, gauez otsoaren erasoaldiaren beldur zirenean artaldia kanpoan babesteko. Leku horri gau sare edo gau hesi deitzen diote. Leku horren barruan eta sarobearen inguruetan lizarrondo handiak ikus daitezke, eta, itzal handia ematen dutenez, hortxe babesten da artaldea udan eguzkiak gogor jotzen duenean freskatzeko. Bero egiten duenean abereak babes bila joaten diren leku horiei abaroleku deritze. Bestalde, bi urtean behin inausten dituzte lizarrak eta horko adar eta orriak ahariak gainelikatzeko erabiltzen dituzte udan, estaltze garaian. Lizarrak etengabe inausten dituztenez, oso era berezia hartzen dute, adabegi handiak izaten dituzte eta adabegi horietan hazten dira adar berriak, gero aldiro inausten dituztenak. Ahariek hosto guztiak jan ondoren hostorik gabeko makila horiek itxiturak konpontzeko erabiltzen dituzte artzainek, adar horiekin egur hesiak eginez.

Sarobetik ez hain urruti iturri edo iturbururen bat egoten da. Artzainei gertatzen zaie udan oso ur gutxi ekartzen duela eta beharrezko dutela moldaketa lan batzuk egitea abereentzako uhaska jartzeko eta edateko uraren hartunea egiteko, obra horiek ez badituzte egiten ailegatzen den ur gutxi hori galdu egiten baita. Ura egunero urketa makilan txabolaraino ekarri beharra lan gogor eta neketsua zen. Horregatik izango da, noski, azken urte hauetan herri larretan ura txaboletara eta uhasketara eramateko egin diren lanak, iturburutik bertatik PVC tutuen bidez txabolaraino ura eramanez. Ur eskasia hori saihesteko, leku batzuetan txabolen teilategaletan bidoiak jartzen dituzte

21. Borda bateko hastiala.

edota deposito txiki bat egiten, estalkiaren hodietatik etortzen den ura biltzeko. Ur hori gero garbitzeko sukaldeko lanetarako eta gaztak garbitzeko erabiltzen dute.

Txabolaren aurre-aurrean egurtegia edukitzen dute enborrak eta adarrak han pilatzeko. Gero, artzainak piskanaka egur bihurtuko ditu sutokia edo beheko sua eta sukaldea hornitzeko.

Korta ere sarobea edo saroia da. Artaldeak larreetan babeserako eta abaro egiteko duen lekua da, artzainaren txabola ere hor bertan egon ohi delarik. Lursail horiek oro

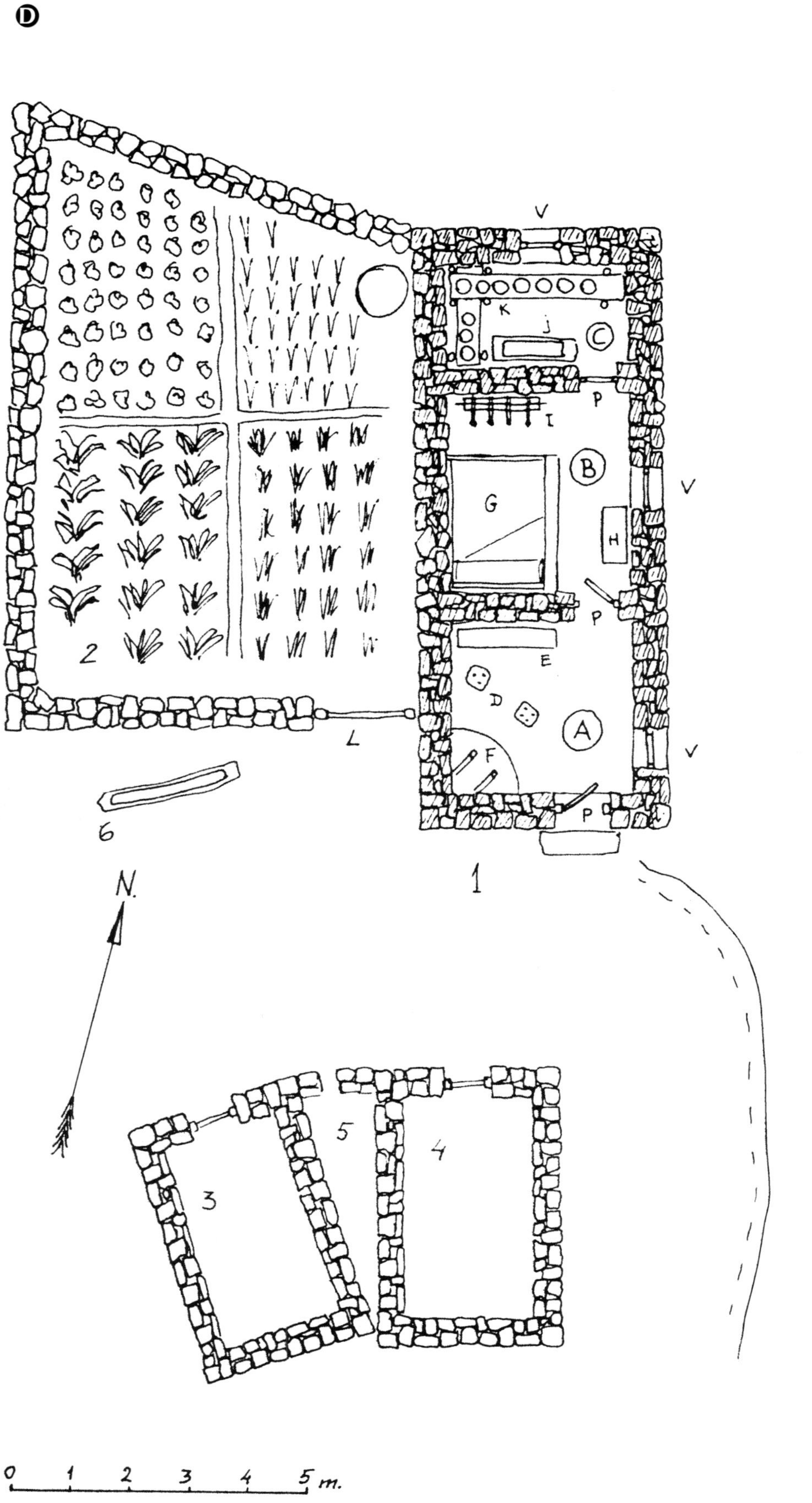

Jose Oiarbideren txabola eta eranskinak.

Oltzeko sarobea, Aizkorri.

(1965ean hartutako datuak, gaur egun aurri egoeran dago.)

Jose Oiarbideren Aizkorriko Oltzeko sarobearen marrazkiaren azalpena:

1. Artzaina denbora batean bizi den txabola. Hiru zatitan banatuta dago: A. estalpea edo sukaldea; B. logela edo kamaina; C. gaztandegia.

2. Baratza.

3 eta 4. Eilorra, garo geruza lodiz egindako bi aldetako estalkia duena.

5. Txakurtegia.

6. Egurrezko aska (txerriei gazura emateko enborra sakonduz egindako aska). Txabola barruan ondorengo gauzak daude: D. aulkiak; E. mahaia; F. beheko sua edo sutokia (horma ixkinari atxikita); G. ohea (kamaina); H. kutxa; I. marina (gaztentzako prentsa); J. gatzunaska (gazta gatzunetan gazitzeko erabiltzen den pago enbor sakondua); P. ateak; V. leihoak. Aurrekoez gain, txabola barruan egoten dira gazta egiteko tresnak, sukaldekoak, txanbilak, botilak, jakiak, kontserbak, jantziak, mantak, aterkia, makila, lanabesak, botikak, albaitaritzako gaiak, karraskarien aurkako pozoina, satarteak, estanpak, medailak, errosarioak eta gurutze babesleak...

22. Elordiko eta Ariñateko bordak Ondarre inguruan, Larraoneko (Aralar) gailurraren azpiko aldean.

23. Arritzagako sarobea izen bereko haranean, garai bateko kobre mehategien aztarnen ondoan.

har biribilak dira, Nafarroako gune atlantikoan karratu edo errektangularrak ere egon arren. Kortak Pedro Bernardo Villareal de Berriz[2] jaunaren esanetan "negukoa edo korta osoa izan daiteke, hauts harritik zirkunferentziaren edozein puntutara 126 estadu edo brazako semidiametroa duena, eta udakoa 84 metrokoa. Hauts harria esaten zaio hor egiten zutelako sua gure arbasoek abereak larrean zeuden bitartean, eta legezkoa, edo ohiturazkoa, izango zen hortik distantzia batera ez arrimatzea beste artzainik". Bizkaiko korta nagusia edo korta osoa deiturikoak 247 metroko erradioa zuen, erditik, hauts harria zegoen lekutik, eta udakoak, korta txikiak edo korta erdiak, 122 metroko erradioa. Gipuzkoan, Foruak[3] XX. idazpuruko III. atalburuan, pisu eta neurriei dagokienez, ondokoa esaten du:

"...Ordenamos y mandamos que en toda ella (probintzia dagokionez) haya de tener y tenga el sel común en el remate y en la circunferencia setenta y dos goravillas de a siete estados o brazadas cada goravilla midiéndolo con un cordel de doce goravillas, tirado desde el mojón como centro alrededor".

Gipuzkoan artzaina bizi den lekuak ondoko izen hauek izan ditu: txabola, txabolie, etxola, etxabola edo artzain txabola.

Txabola ondoko era honetan azal genezake: oin angeluzuzeneko eraikuntza, kanpotik neurtuta 9/11 bider 4/5 metrokoa. Xoborrez betetako 60tik 75era bitarteko hormarri lodia, kareorerik gabea, eta xobor bitarteetan utzitako hutsuneak lohiz eta goroldioz beteta edukitzen ditu, ez dadin haizerik barnera sar. Txabola batzuetan kanpo eta barneko hormak karez zarpeatuta egoten dira, gero keak laster batean belzten dituelarik. Zorua zapaldutako lurrezkoa izan ohi da. Zoruak kasu batzuetan dornatutako guneak edukitzen ditu. Oraingoetan, berriz, hormigoi eta terrazozkoa izaten da eta erabiltzen dituzten lauzak txabolaren inguruetakoak izaten dira. Ez dute ez leihorik ez tximiniarik edukitzen. Goihabea edukitzen dute, fatxada nagusiaren elkarzut jarria, eta hor egon ohi da sarrerako atea. Estalkia malda gutxikoa, hodi teilez edo teila arabiarrez egina, eta zotal edo zohien geruza batean egoten da bermatuta, horrela termikoki isolatuta gera dadin. Geruza hori parez pare jarrita dauden gapirioei jositako latazko listoi baten gainean apoiatuta egoten da edota, txabolarik zaharrenetan, parez pare jarritako gapirio sail bati, batzuk besteen ondoan eta beren artean espaziorik gabe. Gapirio horiek askotan pago enbor batzuk besterik ez dira, ziri eta aizkoraz luzetara irekitakoak, eta eskuairarik gabe egindako kanabera erdiak dirudite.

24. Estalkian teilak zapaltzeko harriak dituen borda, atzean Aizkorri.

Herri larreen ordenantzek 1936ko urtera arte debekatu egiten zuten teilaz estalita edukitzea artzainen txabolak, teila, euskaldunok jakin badakigunez, jabetzaren sinboloa

25. Nire adiskide Eulogio Mendizabal Oiduiko (Aralar) bordako sutokian otordua prestatzen.

26. Gaztandegia edo gaztategia, gaztak ondu eta lehortzeko gela, Orendaingo Zelaieta baserrian.

delako. Beraz, txabolak askotan herri larreetan egoten zirelako, artzaina txabolaren, aldameneko eraikinen eta larreen erabiltzaile besterik ez zen.

Teilen gainean harri ilarak jartzen dituzte, edota zerrenda periferiko bat, eta batzuetan harri geruza batek zapaltzen ditu teilak haize zakarrek ez dezaten teilarik mugitu. Azken urte hauek arte erabili den teila teilerietan eskuz egindako hodi teila edo teila arabiarra izan da, gero estaltzeko fabriketan egindako teila zeramikoak erabili dituzte eta azkenik beste teila mota bat erabiltzen dute, hegalduna, haizea dabilenean hobeto eusten dutenak.

Txabola horien barrualdea oro har hiru zatitan egoten da banandua. Lehenengo, sartzeko ate bakarraren ondoan, estalpea edo txapitola dago. Sartu ondoren hormari atxikita beheko sua edo sutokia egoten da eta hor edukitzen dituzte artzainek sukaldeko tresnak, gazta egitekoak eta haltzari gutxi batzuk ere: mahai txiki bat eta bi edo hiru aulki. Ate estu eta txiki batetik sartuz, beste gela batera iristen da eta hor bere kamaina dauka artzainak. Orain dela hogeita hamarren bat urte arte, bazeuden txabola batzuk kamaina txilar geruza lodi batez eginda edukitzen zutenak. Gela ilun horretan kutxa bat edukitzen du artzainak gauza batzuk eta bere arropak gordetzeko. Txorizo, zezina, ogia eta jateko gauzak kako batetik zintzilik edukitzen ditu inguruan ibiltzen diren karraskarien hortzetatik urrun.

Gapirioetatik zintzilikatutako apaletan, estalkiaren azpiko alboetako hormen gainean edota gela horretako hormetan irekitako zuloetan uzten ditu artzainak bere zerak, tresnak eta bazkaria prestatzeko gaur egun erabiltzen dituen kontserba potoak. Zenbaitzuetan leku horretan eta kamainaren hormaren bestaldean, hormari atxikita, beste beheko su edo sutokia edukitzen zuten udaberriko edo udazkeneko egun hotzetan gela berotzeko eta estalkiaren azpian, apal luzeetan, orduan jartzen zituzten gaztak ketzeko ere.

Hirugarren gela oso txikia izaten da eta trenkada batek banantzen du aurrekotik, oholen bidez ixten zuten eta txabola zaharrenetan hurrondo edo lizar makilak artekatuz egindako manpara moduko batek banantzen zuen.

Gela txiki hori gaztategia (gaztandegi edo gaztanetxea) da eta ipar fatxadan leihotxo bat izaten zuen irekita han utzitako gaztak lehortuz, onduz eta finduz joan zitezen gutxi gorabehera 10° edo 12°C-ko tenperaturan eta hezetasun gradu handian. Gela horretako gaztak gaztanoholetan egoten ziren. Ohol luze eta estu batzuk ziren gaztanola horiek. Hortxe edukitzen ditu artzainak gaztak gazitzeko gatzunaska, ur txanbilak eta ardo txanbilaren bat, eta satarte batzuk ere edukitzen ditu, arratoiak zapaldu egiten dituztenak batzuk eta eragingailuaren bidez arrapatzen dituztenak besteak. Era berean, karraskarien (mendiko arratoien, satitsuen, muxarren eta abarren) kontrako pozoindutako garnata ere edukitzen dute, oharkabetasunen bat izanez gero gaztetan kalteak egiten baitituzte.

27. Jainkozaletasun herrikoia; tximista, ekaitz eta begizkoetatik babesteko Zeraingo baserri bateko atean eta atezangoan jarritako elementuak.

Berdintsu lehortu eta findu daitezen beharrezko da artzainak apaletan dauden gaztak aldian behin iraultzea, bi aldeetatik lizun daitezen.

Txabolen fatxada nagusia, sarrerako atearen aldekoa, bigarren koadrantera begira egon ohi da oro har, hau da eki eta hegoaldera. Fatxada nagusiko eta estalpetik kamainara sartzeko ixten duen hormako ateorrian, atezangoan eta ateburuaren kargalekuan erramu gurutzeak, lizar adarrak edo elorri gurutzeak ikus daitezke, baita medailak, metalezko gurutzeak eta santuen irudiak eta eguzki loreak edo sorginen kontrakoak. Erlijio eta magia elementu horiek[4] urtero jartzen zituzten artzainek udaberrian, txabola, bertan bizi direnak eta azienda sorginkerietatik eta zorigaitzetatik (tximista, sute, gaitz, begizko eta abarretatik) babesteko.

Artzantza udan eta neguan

Maiatzaren hasieran joaten dira artzainak Gipuzkoa aldeko mendietako larreetara, elurra gailurretan urtu denean eta larrea hazten hasten denean. Sarobeetan geratzen dira artzain eta aziendak udazkenaren amaieran gailurrak, negu gordin eta motz samarraren etorreraren seinale, zuritzen hasten diren arte.

28. Artzaina txakurrekin artaldearen bila.

Udaberri-udetan artzaina oso goiz jaikitzen da eta lehenengo egiten duen gauza bere txakur batzuk hartuta txabola gainean duen mendira igo eta ardiak bildu eta eskortara ekartzea da. Eskortan banaka-banaka ardi guztiak jezten ditu ardiaren atzeko aldean jarriz eta kukubilko dagoela anka artean marmitari helduz. Gaur egun artzain gehienek palanka batekin irekitzen den kaiola eta eseritzeko aulkia dituzte, horrela jeztea ez delarik hain lan gogorra. Esnea txapazko inbutu baten bidez iraztendu. Jezte bakoitzean inbutuaren barnean asunak edo osinak sartzen ditu, material irazgarri gisa. Irazten ari denean eta esnea epel dagoela gatzagi zati bat, natural edo kimikoa[5], eransten dio. Esnea mamitzen ari den bitartean, gutxi gorabehera 45-60 minututan, gaztategira joan eta gaztak itzultzen ditu, prentsatik aurreko eguneko gaztak atera eta ordu batzuetan gatzunaskan sartzen ditu. Denbora horretan jateko zerbait prestatzen du eta gero, gaztak egin ondoren, artaldea soltatu eta larrera eramaten du, han egun osoan bazka dezan. Iluntzean berriro mendira igo behar izaten du, artaldea bildu eta berirro ere eskortan jetzi, esnearekin gero gaztak egiteko.

29. Ernioko artzaina ardiak jezten eskortan.

30. Txaratila, artile matazako ile batzuk bihurraraziz artilea osatzeko erabiltzen den tresna (P. Arruabarrena eta K. Adurizek utzita).

Artaldea larrera eraman ondoren txabolara itzultzen denean artzainak txukundu egiten du txabola, edota itxituraren bat konpontzera joan edo gaixo dauden ardiak zaindu. Tarte horretan begiratzen du era berean oilotegia ere, eta baratza zaintzen du. Ondoren bazkaria prestatzen du: babarrunak, porru patatak, zezina, urdaia, txorizoa eta arraultza frijituak. Bazkaldu ondoren lokuluxka egitera joaten da bostak aldera arte. Ordu horretan artaldearen bila ateratzen da, bildu eta eskortara jaitsi eta jetzi egiten du. Ondoren, gaztak egin, afaldu, transistorean berriak entzun eta gaueko 11,30ak aldera ohera joaten da.

31. *Kaskagorri* anaiak Oiduiko sarobeko bordan. Aurrean Jesus txaratilarekin iruten.

32. Amona txaratilaz egindako artilearekin galtzerdiak egiten.

Ura oraindik txaboletaraino eraman ez duten sarobeetan urketan aritu behar izaten du artzainak, zenbaitetan txabolatik urruti dauden iturrietatik ekarriz gainera.

Artzain gutxi batzuek, udaren amaieran astia dutenean, ardien artile zati txiki bat garramatatu eta irun egiten dute, artoski garbitu eta kanpoan, sasi gainean edo egur hesiaren gainean, lehortu ondoren. Artilea harro-harro uzteko kardak erabiltzen dituzte eta ondoren iruteko txaratila hartzen dute. Tresna hori, bi muturretatik aurrez aurre jarritako bi konoren itxurakoa, diabolo bat dirudiena, zur pisutsu eta trinkokoa izan ohi da, hagin, haritz, arte edo ezpelezkoa. Piezaren zatirik estuena zeharkatuz kako bat dauka eta hortik artile matazako ile batzuk atxikita geratzen dira,

33. Gomazko abarkak eskuz harildu eta trentzatutako lokarriekin edo trailekin.

ezkerreko eskuaz helduta txarantila zintzilikatzen da ile horietatik eta jiro azkar bat emanez zuntzak bihurrarazi egiten ditu artilea osatuz doan heinean. Txaratila lurraren ondoan dagoenean tresna horretan jasotzen da egindako artilea. Horrelaxe egiten da mataza egiteko, eta mataza batzuk behar ditu artzainak lau orratzen bidez artilezko galtzerdiak ehuntzeko. Orratzak artzainak berak egiten zituen lehen, txilar makila erabiliz eta haria lepagainetik pasatuz. Galtzerdiez gainera, elastikoak eta trailak egiten zituzten artzainek. Trailak abarkak lotzeko artile beltzezko kordoiak ziren. Abarkak lehen behi larru gordinez egindakoak izaten ziren, egun, berriz, gomazkoak. Artilezko matazak, orratzak eta garramatutako artilea albainzorroetan gordetzen zituen artzainak. Ardi larruz eginak zeuden, artilerik gabeak eta ondu gabeak ziren.

Batzuetan artzainek egurrezko itxiturak preparatzen dituzte makilak artekatuz. Soka egiten dute zaldiaren zurdarekin, mutur batzuetan bihurritu eta kordatu ondoren. Soka horiei zurde soka deitzen zaie eta, hauskaitzak eta iraunkorrak direlako, asko erabiltzen dituzte zamariek otarretan, albardaren gaineko artoletan edo kakoletan ematen dituzten zamak lotzeko. Oraindik ere sarobera joateko bide zaila egin behar dutenean, artzainek behor, asto eta mandoak erabiltzen dituzte beren tresnak, janariak eta arropa txabolara igotzeko. Arkumeak harategietara eta ondu ondoren gazta azoketara saltzeko eraman behar dutenean ere jaisteko abere zamariak erabiltzen dituzte.

Beste batzuk, berriz, udan astia dutenean egurrezko lepokoak egiten dizkiete abereei mendiko larreetan daudenean eramaten diztuzten zintzarriak esekitzeko. Oro har lizar edo gaztainondo zurez egiten dituzte eta azkenaldi honetan ikus daitezke beste material batez eginak ere, larruzkoak, gomaztutako olanezkoak eta plastikozkoak. Zein abererentzat egiten diren haren tamainakoak egiten dituzte, haien zabalera ematen eta bakoitzari bere itxitura sistema ere ematen diote. Kanpoko tipologia eta dekorazioa, geometrikoa dela edota laua, grabatua edo pirograbatua, eskulana egiten duen artzainaren eskuaren mende geratzen da. Ardiek izaten dutenak ardi uztai izena darama, behienak behi uztai eta

34. Anastasio Balerdi Beloki artzaina, udaberrian artaldearekin eta trasteekin sarobera igotzen. Erreparatu larrerako igoeran kaiolako ahateak jarritako arrautzan.

35. Ardiei jartzen zaizkien zintzarri mota ezberdinak, dunbak eta egurrezko uztaiak.

behorrenak behor uztai. Artzainak berak ere erosten ditu ferietan, dendetan edo azoketan edota uztaigileren bati erosten dizkio denboraldirako behar dituen uztaiak, batzuk puskatu egin direlako zintzarria ere galdu egiten baitute eta beste batzuk aldatu egin behar izaten baititu gastatuta daudelako edo lepoa urratu egiten dietelako.

Bestalde, mihiak ere egiten dituzte, zintzarriek hitz egin dezaten. Behi adar puntarekin egiten dituzte. Urritzezko makila batzuk ere egiten dituzte egunero erabiltzeko eta horietako bati ertz batean larruzko uhal txiki bat lotzen diote, larre aldaketetan erabiltzeko, gorakoan nahiz beherakoan.

Neguan, kostalde eta beterri edo goiherriko larreetan daukatenean artaldea, artzainaren lana oso da neketsua. Hala dio gaztelaniazko esaera zahar batek: "Desde mayo a San Miguel, pastor de ovejas quiero ser, desde San Miguel a mayo, que las guarde el amo" ("maiatzetik San Migel eguna bitartean, artzain izan nahi dut, San Migeletatik maiatzera zain ditzala nagusiak"), han ohitura den bezala soldatapeko artzainak izan arren, udaldiko bizimodu atseginarekin erkatuta (gaztak egin ondoren artaldea zaindu besterik ez baitute egin behar) neguan zein zail eta gogorra den artzainen bizimodua adierazteko balio digu esaera horrek.

36. Arditegiko asketan pentsua jartzen.

Gure arteko artzain asko, oro har, baserri eta borda hutsetan egoten diren garaian oso gaizki egoten dira. Gainera, eraikin horiek oso gutxi ekipatuak egoten dira, batzuetan ikuilua artzainak dituen ardi buruak sartzeko behar duena baino askoz txikiagoa izaten baita. Bat bestearen gainean egoten dira, ezin du simaurra atera eta etzateko botatzen dituen lasto geruzak metatuz joaten dira. Horrek murriztu egiten du lokalaren luze-zabalera, eta gainera amoniako ugari produzitzen da hartxiduraren bidez. Hori guztia pertsonen eta abereen bizi kalitatearen kaltetarako da, han osasunaren kontrako giro batean bizi behar dutelako eta hortaz egoera aproposa baita artaldea kutsa dezakeen elementu patogenoak garatzeko. Faktore horiek guztiek, beste gauza batzuen artean, artilea erortzea, umea galtzea, sukarra, hanka mina eta horrelakoak ekar ditzakete, ondorioz esne gutxiago eman eta artaldearen produktibitatea jaitsi egingo delarik.

37. Arkume jaio berria. Amak bere ume jaio berria garbitzen du.

39. Eguberritan artaldea berritzeko uzten ez diren arkume asko hiltzen dituzte.

38. Juan Ixidro Sukia artzaina egun gutxiko arkumeekin.

Horri guztiari baserriaren eta bere artaldearentzako belardien errentan ordaindu behar duen alokairu handia erantsi bahar zaio. Gainera, neguaren hasieran hasten dira erditzen ardiak eta askotan erditzen ari direnean lagundu egin behar zaie eta jaio ondoren arkume eta axuriak zaindu egun osoan.

40. Zaldibiako Aldaskorta baserriko Ixidro Aierbe ukuilutik ateratzen da artaldea eta marmitekin ardiak jezteko.

Egunez, belardien egoerari begiratu behar izaten diote eta zaindu artaldea ez dadin alokatu ez dituzten beste belardietara sar. Horretarako artzainak, artaldea zaintzeaz gain, belardia ez badago hesituta edo ez badu hormarik, ardiak kontrolatzeko eta besteen belardietara ez sartzeko era praktiko eta burutsua zeukan. Sistema ondoko hau zen: aho zabaleko ontzi batean artaldea zaintzen duen txakurraren kaka jartzen zuen eta, ur kantitate handia erantsi ondoren, makila batekin eragiten zion papila likido bat lortu arte. Ondoren ontzia belardira eramaten zuen eta alokatutako belardiko perimetro osoan, eskubila edo zuhaitzen baten adar batekin zipristindu egiten zuen muga osoa, eskubila sarri bustiz ontzian. Metodo hori hain ortodoxo eta higienikoa ez bada ere oso erraza zen egiteko, eta oso praktikoa gainera artzainarentzat, lerro ikustezin hori zeharkatzen ez baitziren ausartzen ardiak. Baina horiek aspaldiko kontuak dira eta gaur egun horren ordez hari metalikoa agerian duten kableak erabiltzen dituzte, isolatzaile batzuk dituzten zotoinei lotuta. Linea horrek energia darama bateria eta transformadorearen bidez, horrela intentsitate gutxiko baina boltaje askoko energia lortuz. Belardian dabilen abereren batek, nahiz handia nahiz txikia izan, kablea ikutzen badu, berehala sentituko du astindua eta ez da berriz arrimatuko.

Artaldea berritzeko uzten ez diren arkumeak saldu ondoren, artzaina bi aldiz jezten hasiko da umerik gabe geratu diren ardiak. Hautaketa lan hori abenduan eta urtarrilean egiten du eta horretarako arkumeek bizirik 11 edo 12 kilokoak izan behar dute. Artzain askok, arkumeak saltzerakoan, harakinekin edo hiltegiko arduradunekin gatzagiak berek hartzea hitzartzen dute, lehortu eta tratatu ondoren urteko gaztak egiteko balioko baitiete. Gatzagia beretzat gordetze hori beren baserrietan ardi batzuk eduki eta baserrian bertan hiltzen dituzten baserritarrek ere egiten dute.

Jetzi egunean bi aldiz egiten dituzte, lehen aldiz goizean eta bigarren aldiz arratsaldean. Jetzialdiaren hasieran latxa ardiak litro eta erdi baino gehiago ematen du batez besteko bi jetzialdi horietan. Hilak aurrera doazen heinean eta maiatzaren lehenengo egunak arte, udaldia mendian iragateko artzainak artaldea abian jartzen duen arte, ardiek piskanaka esne ekoizpena gutxituz joaten dira, baina orduantxe du esne horrek gantz gehien eta aberatsena.

Esne horrekin artzain batzuek gaztak egiten dituzte eta mamia edo gatzatuak. Baina gehienek jezten duten esnea saldu egiten diete gazta fabrikei, laguntzeko inor ez dutelako, eta gazta egiteko instalazio egokirik ere ez.

Zintzarriak, jabetza markak eta seinaleak

Gutxienez erromatarren garaitik ezagutzen dira Euskal Herrian zintzarriak eta burdin edo brontzezko tintinak –*tintinus*–. Abeltzaintzan erabiltzen zituzten eta baita ere beren jantzien osagarri ere, nahiz beren lanbiderako nahiz helburu magiko eta profilaktikoetarako.

41. Artaldeko ardirik onenei dunbak jartzen. Artzainaren familian heriotzaren bat egon denean, atsekabea adieraziz, larreetara igotzerakoan edo handik jaisterakoan ardiei ez zaizkie mota horretako zintzarriak jartzen.

42. Artaldeko zintzarri guztiek soinu berdina dutela egiaztatzen.

43. Muitzeko (Aralar) bordako Joxantonio Ormazabal, dunba zintzilik daraman egurrezko uztaiari kixketa jartzen.

Agian gaztelaniazko *cencerro* hitz onomatopeikoa euskarazko *zinzerri* hitzetik datorke eta J. Corominasek dio lehen dokumentua 1188koa dela eta J. Rúiz dela ematen duena (ikus Corominas, J.: *Diccionario Crítico Etimológico de la Lengua Castellana*. Madril 1954). Zintzarriak euskaraz beste izen batzuk ere baditu: aran, gare, fare, joale.

Zintzarria burdin txapazko tintina da, gainean letoi, brontze edo kobre geruza daramana. Kanpoaldean euskarri bat edukitzen du ardi, behi, zaldi eta ahuntzen lepotik zintzilikatzeko. Barrualdean eraztun bat eta hortik lotuta dagoen larru uhal bati atxikita mingaina (mihia), barruko hormak jotzen dituenean urrutitik entzun daitekeen soinua ateratzen duena. Zintzarri edo ezkilek itxura eta tamaina ezberdinak dituzte. Gainera, nolako itxura eta tamaina duten eta eskulangilea zein eskualdetakoa den holako edo halako izena dute zintzarri edo ezkilek. Gipuzkoan 1936. urtera arte bazeuden zintzarrigileak eta, ospetsuenetakoa Alegiakoa zenez, horregatik deituko diete ziur aski hangoei txintxarriak. Mende honetan zehar zintzarrigile edo beste leku batzuetan deitzen dieten bezala joaregile asko egon da Euskal Herrian: Zubieta, Ituren, Alegia, Gartzain, Aizin, Sabando, Donazarre, Iturgoien eta Nazar herrietan, eta Nay herri biarnotarrean. Gaur egun Iturgoienen Epifanio Lazkanok eta Lekunberrin Apezetxea familiak bakarrik egiten dituzte zintzarriak. Apezetxea familia Goizuetatik orain 13 urte joan zen Lekunberrira zintzarri mota guztiak egiteko lantegi eta lanabes eta guzti. Zintzarriei kobrezko geruza elektrolitikoa eransten zieten eta orain labeko bainu tradizionala emandako zintzarri sorta batzuk egiten dituzte.

Euskal Herritik kanpo, Biarnon, Pauetik gertu dagoen Nay herrian, Maurice Daban jaunaren lantegia dago. Jada zintzarrigileen hirugarren belaunaldikoa da. Zintzarri tripaundiak egiten ditu eta *truque* deitzen zaie. Euskaraz horiek dunbak edo pulunpak dira, joaldunek Nafarroako

Ituren eta Zubietako ihauterietan erabiltzen dituzten bezalakoak.

44. Tamaina eta mota ezberdineko zintzarriak eta brontzezko tintinak Ordiziako azokako postu batean.

Gipuzkoan zintzarriak funtsean hiru itxuratakoak dira eta horietako bakoitzak bere tamaina du, horregatik ematen dio eskulangileak zenbaki bat bakoitzari. Hiru mota horiek ondoko hauek dira:

Zintzarria: kanpai itxurako ezkila edo zilindrikoa, aho biribilekoa. Arkume eta bildotsei jartzen zaizkie.

Dunba: zintzarri tripaundia edo eltze itxurakoa, aho biribil eta estukoa. Ardirik onenei eta gidari direnei jartzen zaizkie.

Kalaska: angeluzuzeneko ahoa duen zintzarria. Tamaina txikikoak mendietako larreetan dabiltzan ardientzat izaten dira eta handiak behi eta behorrentzat.

Artzainek feria eta azoketan erosten dituzte zintzarriak, puskatu edo galdu egin zaizkienean. Garestiak direnez, oso ondasun preziatu dira eta belaunaldiz belaunaldi eskualdatzen dira. Zintzarri sorta bat egiteko enkargua ematen dionean eskulangileari artzainak denak soinu berdina izan dezatela eskatzen dio, izan ere entzuten dituenean berehala konturatuko baita bereak edo beste batenak diren lainoa sartzen denean mendian. Hori oso garrantzitsua da, T. de Aranzadi bergarar antropologoak kontatzen duenez, norbaitek ardi bat harrapatu zuela eta ez zuela eztabaida sortu zenean mende honen hasieran bizkaitar artzainen artean eta auzia eraman zuen epaileak erabaki behar zuenean norena zen ardia, inguruko artzain batzuei deitu baitzien ardiak zeraman zintzarriaren soinua entzun ondoren esan zezaten norena zen.

Lanbideko alderdi horiez gain, eramaten zituzten zintzarri eta idunekoekin harro sentitzen ziren artzainak, herrietatik artaldea pasatu behar zutenean edota udaberrian ardibideetatik sarobera igo behar zutenerako arretaz prestatzen baitziren. Bestalde, zintzarri batzuk eraman behar izaten dizkio zintzarrigileari konpon ditzan eta, herdoildu direlako edo denboraren poderioz puskatu egin direlako, zintzarrien ahoen ertzak sendo ditzan, bien bitartean eskatzen dio zintzarri sorta osoaren soinua ere fintzeko.

Ardiak galdu dituenean lehenbailehen aurki ditzan eta artaldeak ahalik eta azkarren bana ditzaten, artaldea ezagutzeko teknika batzuk erabiltzen dituzte eta horien artean daude belarrietako markak eta seinaleak.

45. Belarritako markak dituzten ardiak.

46. Kolorezko marka ikusgarriak eta garbiak dituen artaldea (Urkulu - Baxenabarre).

Markak bi motatakoak izaten dira. Gipuzkoan koloretako pintura lerro bat egiten diete, espatula arrunt baten gisako makila bat pintura potoan buzti eta gainean pasatuz edo bestela beti gorputz zati berdina (atzealdeko laurdenean, soinean, etab.) pintatzeko barrarekin markatuz. Operazio hori udaberriaren amaieran ilea moztu eta hurrengo egunetan egiten diete ardiei, eta jaioberri diren arkumeei eta oraindik ere jezten ez diren ardi gazteei. Erditzean atzeratu egin direlako oraindik ere titia ematen ari diren ardiei egiten zaizkie markak, eta era berean albaiteriak tratamendua jarri dienei ere, horrela ahalik eta azkarren bereizteko. Artzain batzuek kolorezko trapu puska bat lotzen diete beren bizkarrean edo soinaren gainean eta beste batzuek zati hori lohiz edo gorotzez zikintzen diete.

Lehen hemengo artzainek, eta baita Pirinioetakoek ere, lan hori egiteko haustutako eta gantzez nahastutako burdin okre eta hematiteak erabiltzen zituzten, eta hortik ateratzen zuten ore horrekin markatzen zuten ganadua. Badirudi praktika hori Brontze Arotik ari direla egiten gutxienez, izan ere aztertutako trikuharri batzuetan hematite gorriaren zatiak atera baitziren, higatze markekin erabiliak izan zirelako.

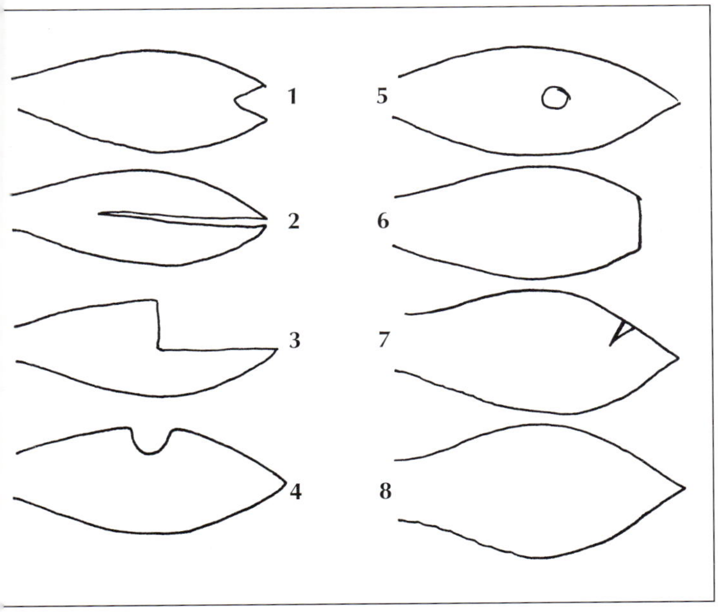

E

1. Urkiloa - Aralar
Mirubuztana - Aizkorri.

2. Pitzatua - Aralar.

3. Laiategia - Aralar.

4. Akatsa - Aralar/ Aizkorri
Koska - Aizkorri.

5. Burdinzuloa - Aralar
Zuloa - Aizkorri
Eztenzuloa - Aizkorri.

6. Puntamotza - Aralar/Aizkorri.

7. Garranga - Aralar
Pika - Aizkorri.

8. Belarri osoa.

Koloreetako pinturekin egindako lerro edo puntuaren teknika hori latxa ardiak dauden lekuetan erabiltzen da. Baina, *rasa* ardiak ibiltzen diren lekuetan, Arabako hegoaldean eta Nafarroa osoan, ipar-mendebaldea alde batera utzita, artaldeak handiagoak direnez, ilea moztu ondoren burdin marka bat egiten diote ganaduari bike eta galipot beroko potoan sartu ondoren. Marka horiek jabearen abizenaren edo etxearen lehen letra izan ohi dira edo aspaldidanik etxea erabiltzen ari den eta inguruko artzainak ezagutzen duten zeinuren bat.

Ez pinturaren ez galipotaren sistemak ez du balio, ilea mozten zaienean beharrezko baita pintatutako ile xerlo hori kentzea, horrela artilearen pisua murriztuz. Gaur egun horrek ez du garrantzi ekonomiko handirik, baina orain 25en bat urte moztutako artile kiloa orduko 116 pezeta ordaintzen zen.

Seinalea ganadua identifikatzeko beste era bat da. Ardi, behi, ahuntz, zaldi eta behorren belarrietan guraizeekin, labanarekin edo burdin gori-gori batekin egiten ziren ebakiak ziren. Seinale horiek aberea jaio eta hilabete batzuk geroago egitea da onena. Gainera, komeni da hilabete hotzetan egitea, euliak oraindik ere ez direnean ugaritu, izan ere labanarekin edo guraizeekin ebakia egiten zaienez, belarrian zornea sor daiteke edota euliak gogaigarri gertatu eta beren arraultzak abereen belarrietan utzi.

Ez dira denak berdinak izaten, baina arruntenak ondoko hauek dira: laiategia, akatsa, puntamotza, burdinzulo edo zuloa, pika edo garranga, urkiloa edo mirubuztana.

Laiategia: belarrian ebakia egitea angelu zuzenaren itxura emanez.

Akatsa: V itxurako ebaki txikia egitea belarriaren ertzean.

Puntamotza: belarriaren muturra ebakita daukan seinalea da.

Burdinzulo edo zulo: Belarriaren erdian zuloa duena. Zulatzaile batekin egiten dute edota askotan burdin gori-gori batekin zulatzen dute belarria.

Pika edo garranga: Belarriaren ertzean egiten den ebaki txikia.

47. Aralarren bazkatzen duen zaldi azienda markatzeko sistema berria, nitrogeno likidoaren bidez (Abaltzisketa-Larraitz).

Urkiloa edo mirubuztana: belarriaren muturrean guraizekin edo labana batekin egindako V itxurako seinalea da. Seinale horrek miruaren buztanaren itxura du eta hortik datorkio harrapari horren buztanaren izena.

Ebaki horiek elkarrekin konbina daitezke ezker eta eskuineko belarrietan, eta kasu batzuetan, gainera, posizio bikoitza dute belarri bakoitzean, belarriaren aurreko edo atzeko aldean egin baitaitezke. Horrela artzain bakoitzak bere seinalea edukitzen du, besteenen ezberdina. Adibide gisa esango dugu artzain batek egin diezaiokeela ardiari akats ebakia ezkerreko belarriko aurreko aldean eta burdinzuloa eskuinekoan eta beste batek laiategi ebakia eskuineko belarriko atzeko aldean eta urkilo edo mirubuztana ezkerreko belarrian. Horrek guztiak ez du nahasketarik sortzen beste artzainei erositako buru batzuk artaldean ez dituen bitartean, aurreko jabearen seinalea edukiko baitute beren belarrietan. Gaur egun, gainera, ardiek osasun kontroleko belarritakoa (plastikozkoa edo metalezkoa) daukatenez, gerta daiteke sasi edo arantzetan trabatzea eta belarriak urratzea, pitzatua izeneko seinalearekin nahastuz horren ondorioz. Azkenaldian eta artzain gazteen artean orain arte egiten zizkieten seinale edo ebaki horiek alde batera uzteko joera dago, belarritakoan kontrol numerazioa jada badagoelako.

Azkenaldian mendiko azienda larriek, adibidez behiek, behorrek eta abar, osasun kontroleko belarritakoez gain zenbaki bat daukate, erregistroko numerazioa adierazten duena. Zenbaki hori jartzen diote numeratzaile automatikoa duen marka bat nitrogeno isurkariko ontzi batean sartuz. Aberearen ipurdian jartzen diote, atzealde laurdenean edo antzeko leku batean.

Ehizatzeko ohiko sistemak

48. Zaldibiako Jeronimo Sukia pizti harrapatzaile ospetsua, gaur egun.

Gure mendi eta basoetan lehen zeuden pizti handiak ia-ia erabat desagertu dira gaur egun Gipuzkoako mendietatik eta ia Euskal Herri osokoetatik ere. Gizakia izan da mendeetan zehar pizti horien garbitzaile anker eta kupidarik gabea. Hori horrela da, baina herrietako ordenantzek ere horretara bultzatzen zituzten, adibidez Leintz-Gatzagako 1548ko Ordenantzak begiratzen baditugu, ondoko hau ikusiko dugu: "Otrosi porque esta Villa está en sierra e cerrada de montes do hay muchos lobos, osos y raposos que matan e destruyen los ganados y las aves de los vecinos de esta Villa nuestros antepasados en su tiempo y nosotros en el nuestro habemos tenido ordenanza e uso e costumbre guardada de dar premio a cualquier vecino de esta Villa que matare oso, en la jurisdiccion de la dicha Villa de premio e galardón de los propios de mil maravedises e al que matare lobo en la dicha jurisdiccón quinientos mrs....".

Gipuzkoako Foruan hartzak, otsoak eta azeriak ehizatzeari buruzko berariazko aipamenik ez bada egiten ere, bai Bizkaiko Foruan bai Nafarroako Gorteetako Legeen Liburuan aipatzen da eta batzuetan gainera Bizkaiko Foruko 31. idazpuruan esaten da nola eta non eta zein eratan begiratu behar duten mendia..."por cuanto los vizcainos usan correr monte de puercos monteses, y osos, y otros venados de montería en sus montes, y términos, do han usado y acostumbrado de mon tear...". Nafarroako Gorteetako 60 Legeak, 1743 eta 1744koak, otso ehiztariez ari denean, ondokoa esaten du: "Que algunos forasteros de este Reyno y naturales de los confinantes y especialmente del de Aragón, se introducen en este y llevando un lobo muerto o la piel de él, andan por todos los Lugares pidiendo alguna recompensa por el beneficio que suponen, resulta a los dueños de ganados mayores y menores, en la extinción de estos animales; y los pueblos les dan alguna cantidad, que cargan en la cuenta de los propios...". Aurrerago ondokoa esaten du: "los (lobos) que se traen, como se ha expresado, son muertos fuera de este Reyno, sino porque con un solo lobo o con su piel, andan muchos meses, y aun años, vagando por los Lugares... suplicamos a V. magestad nos conceda por Ley que en este Reyno no pueda andar ningun extrangero con lobos muertos, ni pellejos suyos pidiendo...".

49. Katajineta, artzainek sarobeetan dituzten oilategietako oiloak urritzen dituen ugaztun haragijalea.

Nafarroako Bilduma Berriko 33. Legean, V. liburuan, VII. izenburuan, otsoa hiltzearen sariari buruzkoan, ondoko hau dio: "... capítulo 10 Item, que por cada lobo grande que se matáre se pague sei ducados y por cada cría de ellos dos ducados...".

1961eko urtarrilaren 20ko Erabakian (ikus otsailaren 6ko Aldizkari Ofiziala, 16. zenbakia), animalia kaltegarriak harrapatzea saritzeko Araudian ondoko hauek dira kaltegarritzat hartzen diren animaliak: otsoa, azeria, igaraba, katajineta, basakatua, ipurtatsa, erbinudea, lepahoria, lepazuria, azkonarra, arrano beltza, arrano eperzalea, mirua, zapelatza, gabiraia, San Martin hegaztia, belea, ipar belea, mika, sugea eta muskerra. Animali horietako batzuk harrapatzearen saria ondoko hau da: otsemea 2.000 pezeta; otsoa 1.500: igaraba 300; azeri emea 200; azeria 150; basakatua 75; ... muskerra 4 pezeta. Gipuzkoako udaletxe askotako kontuetan daude basapiztiak harrapatu eta osorik edo zati bat (ankak, burua etab.) ekarri dituenari emandako sari ordainketaren idazpenak.

Gaur egun esan dezakegu Gipuzkoako mendietan ez dagoela otsorik, baina tarteka-marteka etortzen da gure belarrietara otsoek edo basazakurrek erasoren bat egin

dutela eta ardi aziendaren batean kalte handiak egin dituztela.
Artaldeetan kalte handiak egiten dituen beste pizti bat azeria (*Vulpes vulpes*) da, arkume asko, eta ardiak ere, hil eta oilotegietako oiloak urritu egiten baititu, horregatik dabil, beraz, beti bere atzetik artzaina. Ez dezaten piztiek kalterik egin, artzainek azeri harrapatzaile trebeen gaitasunak kontratatzen dituzte. Azeri harrapatzaile horiek batzuetan erresorteko harrapagailu ugari jarriz eta besteetan intxaur okagarriaren, estrikninaren, pozoiez kutsatutako garnatak zabalduz, azeri eta bestelako pizti ugari *garbitzen* zituzten. Pizti harrapatzaile horiek neguan egiten zuten bere lana, mendian aziendarik ez zegoenean eta Gobernu Zibilak ehizatzeko baimena eman ondoren. Pizti harrapatzaileek mendian egiten zuten lan horren truke urtean zenbateko bat jasotzen zuten artzainengandik.

Gipuzkoako mendietan oso ospetsuak ziren Araitz bailarako Borda azkaratearra eta Zaldibiako Sukia.

Gaur egun eta orain dela urte batzuetatik aurrera Euskal Autonomia Erkidegoan eta beste batzuetan ere debekatuta dago pozoin hori jartzea eta harrapagailu, tranpa eta kaiola eta horrelako beste trikimailu batzuk erabiltzea, nahiz eta oraindik erabiltzen badira ere kasu batzuetan bakarrik.

Estrikninaz pozoitutako garnatak erabiltzea oso arriskutsua da, ez bakarrik katea trofikoko animaliengan kalte handiak jasaten dituelako, bere eskuekin erabiltzen ari denarentzat eta garnata har dezaketen

50. Behorzale bat prismatikoz begira bere azienda non dagoen ikusteko.

etxeko abereentzat ere arriskutsuak direlako baizik, pozoin horrek hil egiten duelako dosi txiki bat hartuz gero.

Oraindik ere leku batzuetan basurdeak, azeriak, muxarrak eta horrelakoak ehizatzeko betiko sistemak erabiltzen dituzte. Basurdeak eta azeriak harrapatzeko kablezko lakioak erabiltzen dituzte abereak igaroko diren lekuetan jarriz. Azeri, azkonarra eta erbinudeak harrapatzeko, erresortezko garnatez gain, piztia bizirik harrapatzeko azeri kaiola bat jartzen dute azeri zuloan eta zulotik irtenarazteko goroldioz dena ketzen dute, irteten denean kaiolan harrapatzeko.

Argazkia: Aygüés

51. J. Sukia gaztetan, Arkaka inguruan (Zaldibia) piztiak harrapatzen zituenean.

Baditu artzainak sarobean eta batez ere bere txabolan beste bisitari ez hain atsegin batzuk ere. Arratoi, sator, muxar eta erbinudeak dira, eta gaztategian ontzen dituen gaztetan kalte handiak egiten dituzte. Bisitari horien kontra zapaltzeko gailuak, satolak edo arrapaloak adibidez, erabiltzen ditu eta baita gaur egun erabiltzen diren arratoi pozoinak eta saguarteak ere.

Hegaztiak harrapatzeko malgukidun zepo txikietatik hasi eta sistema oso trebeetarainokoak erabiltzen ditu artzainak. Txoriak harrapatzeko labore ale batzuk jartzen ditu eta horien gainean lauza, estalki edo baheak. Estalki horiek oreka ezegonkorrean egoten dira, eusten dien zotz baten bidez. Zotz hori soka bati dago lotuta eta hegaztiak barruan jaten ari direnean tira egin eta barruan harrapatzen ditu.

Beste sistema autonomoagoak ere badituzte: zotz batzuek doi-doi eusten diote tramankulu bati, zotz horiek koska txiki batzuk dituzte eta ukitzen ez dituzten bitartean heldu egiten diote tramankuluari.

52. Duruarango (Oñati) sarobeko artzaina borda atarian, gaztagintzarako tresneriaz inguratuta.

Eskulangintza eta artzantzarekin zerikusi duten tresnak

Artzainak bere lana egiteko erabiltzen dituen tresnak bi motatakoak dira. Lehenbizi daude artzainak berak egiten dituenak eta eskulangile espezializatuei edo arloko dendariei erosten dizkionak dira besteak.

Ondoko hauek dira artzainak berak egiten dituen tresnak:

Makila: urritz makila zuzen bat erabili ohi du artzainak, 1,35 eta 1,46 m bitarteko luzerakoa. Ahal izanez gero azal zurikoa izaten da, eta artzainak bere joan-etorri guztietan eramaten du berarekin. Artalde bila egunero egin behar izaten dituen ibilaldietan bere lagun du, mendian gora igotzeko edo jaisteko, edota bere gainean atseden hartzeko ere.

Latigoa: larruzko uhal luze bat du, zigor gisa erabiltzen duena batez ere, udaberrian artaldea mendira eramaten edo udazkenean menditik jaisten duenean. Horrela hobeto eramaten du artaldea bide eta errepideetako leku arriskutsuetan.

Urketarako edo esnetarako makila: urritz, gaztaina edo pagozko makila lodi bat da, gutxi gorabehera metro bateko luzerakoa eta 4 cm-ko diametrokoa. Bi muturretan koska sakon bana edukitzen dute. Makila hori iturritik ura ekarri behar denean erabiltzen dute. Koska sakon horietan marmita bana jartzen dute heldulekutik zintzilik eta makila hartu eta bizkarrean eramaten dute. Beste artzain batzuek, ardiak sarobetik urruti jezten dituztenean esnea txabolara garraiatzeko ere sistema hori erabiltzen dute. Gaur egun artzain gehienek ura txabolan bertan dutenez, metodo kurios hori baztertuta geratu da.

Uztaia: zurezko lepokoa da, abereen lepoan zintzarria esekitzeko. Oro har lizarrezkoak egiten dituzte, tarteka gaztain eta urritzezkoak ere ikusten badira ere. Lotu mutur bakoitzean bi edo lau koska eginez lotzen dituzte oro har. Zumitza okertu ondoren, bi muturrak lotu egiten dituzte burdin hariz itzuli batzuk emanda. Lehortzen direnean aska daitezke eta zintzarria sartu eta aberearen lepoan jarri behar dira, berriro ere ongi lotu bi muturrak burdin hariz errematatu ondoren, ez dezaten abereek minik hartu edo ez daitezen sasietan trabatu. Artzain batzuek lepokoaren kanpoaldea dekoratu egiten dute marrazki geometriko xume batzuk pirograbatuz burdin gori batekin.

Lan gutxi duen egunetan egiten ditu artzainak bere ardientzako lepokoak. Badira, hala ere, ferietan saltzeko ere egiten dituztenak, ardien tamainakoak eta baita ere behi eta behorrentzakoak ere. Behi edo behor uztai horiek ikustea geroago eta zailago da, orain plasktikozkoak, larru edo olanazkoak egiten baitira, gogorragoak direlako.

Zintzarrien mihiak behien adarraren puntarekin egiten zituzten. Gaur egun erosi egiten dituzte eta plastikozko barra kalibratukoak izaten dira.

Txabolako tresnak ere askotan artzainak berak egiten ditu han mendian dituen lanabesekin. Lanabes horiek ondoko hauek dira: trontza, aizkora, burdin ziria, esku zerra, mailua, taratelua, trintxa, opatxurra edo zeioa, birabarkia, iltzeak, etab.

Lanabes horiekin hiru edo lau ankako bankoak, mahaiak, urritz edo gaztain makilez lotutako eserlekuak dituzten aulkiak egiten dituzte. Aizkora eta zeioarekin pago enborrak sakontzen ditu tamaina ezberdineko txerri aska bihurtzeko. Askotan gazura eta pentsua jartzen dute, gaztak egiten ari direnean txerri talde txiki bat

53. Artzainak beti berarekin eramaten du urritz makila eta sarritan purua ere bai.

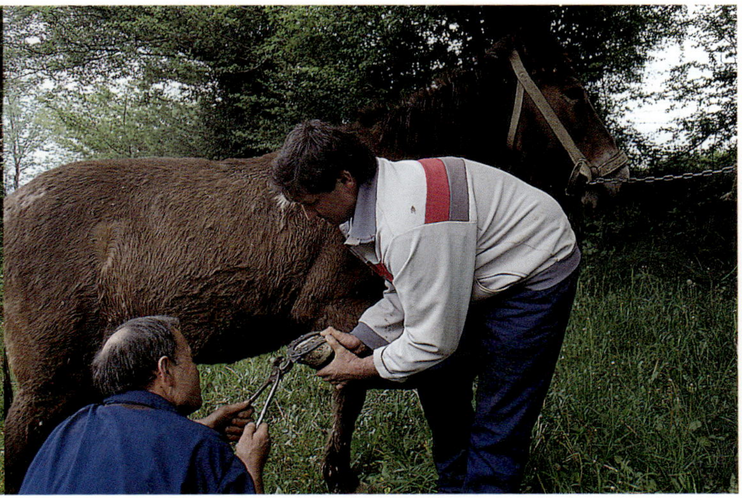

54. Behorrak plastikozko lepokoekin.

55. Behorrak ferratzen.

gizentzeko. Teknika horrekin era berean gaztak gatzatzeko ontziak ere egiten dituzte. Batzuetan, era berean, pago adar luzeak *V* itxuran ebakiz egindako hodiak ere ikusi ditugu, gero txabolako teilategalean jarri eta teilatutik datorren ura jaso eta deposito batera eramateko.

Karraskariak zapalduz harrapatzeko zepoak ere, *satolak* deiturikoak, egiten ditu artzainak, egurrezko labanak, epaki edo txurka labana deituak, egiten dituen bezala, gazta freskoaren orea, matoin deiturikoa, ebakitzeko erabiltzen dituenak.

Kultura material horretako beste elementu batzuk dira antzailak deiturikoak, zurezko uztai edo eraztunak dira, eta soka baten muturrarekin lotu eta horrekin makilaren zulotik pasatu ondoren zamariek eramaten dituzten zamak ongi tinkatu eta lotzeko erabiltzen dituzte. Ia txabola guztietan ikus daitezke kako naturalak, jantziak edo janariak esekitzeko. Oro har pago urkilarekin egiten dute. Horiez gain, aurreko atal batean aipatu ditugun artilea eta zaldiaren zurda irun eta bihurritzeko tresnak edukitzen dituzte.

56. Mandoa kartolen gainean zama duela.

Gazta egiteko fabrikatzen dituen beste elementu batzuk ere badaude, hala nola: txurka, pago ohol luzea, batetik bestera zulatutako zirrikitu eta zuloak dituena. Tresna hori abatsaren (lehen zurezko eta orain burdin txaflazko edo aluminiozko ontziaren) ahoaren gainean zeharkatuta jartzen da. Zuloz betetako ohol horretan jartzen dira gazta egiteko zumitzak.

Malatsa: *azala* kendu ondoren, gorostiaren tantaiaz egindako irabiagailu (nahasgailu) arrunta. Lehenengo atzerantz okertzen zaizkio dituen lau edo bost adar eta gero adar horiek lokarri batez lotzen dituzte tantaiaren beraren gainean. Tantaia bera da heldulekua.

57. Ohiko eran gazta egiten. Txurka izeneko zuloz betetako oholaren gainean zumitzean matoia zanpatzen.

Iragaztontzia edo iragazkia inbutu arrunt bat da. Kukurutxo itxuran okertutako urki azalarekin egiten zuten lehen artzainek. Heltzeko makila luze bati lotuta edukitzen zuten eta barnean sartuta asun sorta jartzen, eta hortik iragaz arazten zuten esnea. Gero enborra hustuz egiten zituzten inbutuak eta ondoren estainatutako txaflazko inbutuak erabiltzen zituzten. Gaur egun, berriz, altzairu herdoilezinezko sare metalikoko iragaztontziak erabiltzen dituzte, iragaztontzi horri material iragazle gisa oihal gasa jarriz, airean dauden gorputz gotorrek zikin ez dezaten.

Artzaintzan erabili eta eskulangile gipuzkoarrek egindako objektuei dagokienez, mende honetako lehen herena bitartean kaikugileen lanbidea daukagu. Ataunen bazegoen Dorronsoro bat jezteko eta gaztak egiteko zurezko ontziak saltzen zizkiena Aralar, Altzania, Aizkorri eta Zaraiako mendilerroetan udan egoten ziren artzainei. Gaur egun Nafarroako Baztanen eta Bidasoaldean geratzen dira bakarrik kaikugileak eta kaikuak erabiltzen dituzten artzainak.

Kaikua pieza bateko egurrezko ontzia da, orain gutxi arte artzain-abeltzainek ardiak eta behiak jezteko erabiltzen zutena batez ere. Gatzatua, mamia edo gaztanbera egiteko ere erabiltzen zuten. Itxurari dagokionez, Eurasian bakarra den ontzi bitxi horren ezaugarririk nabarmenenak ondoko hauek dira: kaiku monoxiloa, oro har urki enborra barnetik hustuta egiten dena. Haltz, ezki eta intxaurrezkoak ere izaten dira batzuetan.

Enbor itxura konikoa du, eta ardatza okertuta. Goiko aldean heldulekua du, oro har ahoa baino gorago egon ohi dena eta noranzko erradialean horizontalki doana ontziaren barnealderantz. Horrela muturrik garaienetik helduta erraz hel diezaioke esku batez 6 edo 7 litro esneko kaikuari.

Ontzi hori, zurezkoa izan arren, oso praktikoa da, izan ere hezetasun aldaketa zakarrik gabe ongi kontserbatzen baita pitzaturik gabe. Bestela, leku heze batetik leku lehor batera pasatzen bada edota beroa ateratzen den leku batean badago, bat-batean kaikua pitzatu egiten da eta orduan adabakia jarri beharko zaio edota bestela grapekin josi. Kaikua egurrezkoa denez beste materialen (zeramikako ontzien) baino askoz hobeto jasan ditzake jezteko edo mamia egiteko lanetan, edota bere zerak tarteka beste leku batera eman behar dituenean etab., har ditzakeen talka txikiak.

Kaikuan jetzitako esnea jasotzeaz gain, esnea edo esnearen gazura egosi edo berotu egiten zuten matxardekin helduta harri goriak kaikuan sartuz. Berehala irakiten zuen esneak. Matxardak egurrezko pintzak ziren, gaztainak batzerakoan morkotsa kentzeko erabiltzen zituztenen antzekoak.

Ofitazko edo hareharri gogorreko harribilak erabiltzen zituzten esnea berotzeko. Lehertu eta limurtzeke tenperatura aldaketa zakarrak jasateko modukoak izan behar zuten, horregatik ez zuten kareharririk erabiltzen, sutokiko txingar artean berotzen jarriz gero lehertu egiten zitzaizkielako. Esnea berotzeko erabiltzen zituzten historiaurreko harri horiei kaikuarri, txukunarri, esnearri, kararri eta burdinarri deitzen zieten.

58. Kaikua pieza bateko egurrezko ontzia da ardiak eta ahuntzak jezteko erabiltzen zena... garai batean mamia egiteko edo esnea edo gatzura irakiteko ere erabiltzen zen, horretarako harri goriak sartzen ziren kaikuan eta barruko likidoa berehala hasten zen irakiten (argazkia egiteko P. Arruabarrena eta K. Adurizek utzita).

Kaikuaz aparte beste ontzi batzuk ere erabiltzen zituzten. Hona hemen izen batzuk: abatza edo apatza, apazko txikia, oporra eta txaliak.

Abatza zurezko ontzia da, urki enbor bakar batez egindakoa. Enbor horri bere barnea kentzen zaio esku tresna egoki batzuekin eta 25-30 litrokoa izan daiteke. Enbor itxura konikoa du eta kanpoaldean bi helduleku ditu, bat bestearen parean. Gaztak egiteko erabiltzen zen.

Apazko txikia eta *oporra* zur monoxilozko katiluak dira, kanpoaldean helduleku bakar bat dutenak. Lehenengoa handiagoa da eta hor hartzen zituzten artzainek esnetalo zopak. Gutxi gorabehera litro erdikoak ziren. *Oporra* aurrekoaren antzeko ontzia da, txikiagoa ordea. Gaur egun, kasuren batean ikusi dudanez, gaztak egin eta gero biltzeko behar dituzten zapiak heze edukitzeko erabiltzen dituzte.

Txaliak zurezko platerak ziren, katiluen antzekoak. Lehen txali horietan jaten zuten artzainek. Ikazkinek ere erabiltzen zituzten.

Sarobean ohiki eduki ohi zuten beste tresna bat talo ohola zen. Talo ohola ohol biribila zen eta helduleku bat zuen. Taloa preparatzeko erabiltzen zuten. Egurrezko koilarak erabiltzen zituen artzainak, eta ferietan erosten zituen. Gipuzkoan eguneroko mahai tresnak askotan aluminioz estainatutako burdinezkoak izaten ziren eta gaur egun altzairu herdoilezinezkoak, janariak prestatzeko bakarrik erabiltzen zituztelarik egurrezkoak. Oro har erabiltzen duten aiztoa labana da, eta edozer gauzatarako erabiltzen dute. Opinel frantziar etxeko altzairuzkoa erabiltzen dute gehien, irekitako xafla tinkatzeko segurtagailu birakari bat duena.

Janzkera, usadio eta ohiturak

59. Abatza kaikua baino tamaina handiagoko ontzi monoxiloa da, eta berrogeita hamarreko hamarkadara bitartean sarobe askotan gaztak egiteko esnea mamitzeko erabili izan zen (argazkia egiteko P. Arruabarrenak utzita).

Gipuzkoako artzainek erabiltzen dituzten jantziak ez dira hain ezberdinak mende honetan baserritarrek erabiltzen dituztenetatik, kapusaia edo txartesa salbuesten ez badugu behintzat.

Mende honen lehen herenean, Aralar, Aizkorri, Altzania eta abarretako mendilerroetako artzainek artilezko oihal marroi ilunez eginiko kapa bat janzten zuten hotz, elur edo euritik babesteko. Kapa horrek sorbaldako handiak zituen, aurreko aldetik itxia zen eta txanoa zeukan.

Bestalde, heurek egindako artilezko galtzerdiak janzten zituzten. Abarka tailak ere heurek egiten zituzten; zenbaitek, mantarrez estaltzen zituzten hankak. Larru gordinekoak ziren abarkak eta galtzak artilezkoak edo Bergara urdinak, gerriaren jiran biribildutako ehunezko banda luze batek lotuta. Gerriko hori, gehienetan, beltza izaten zen eta bi muturretan litsak izaten zituen; gerrikoa deitzen zitzaion. Alkandora, elastikoa eta txapela erabiltzen zituzten, eta azken hori artzainaren kapela tradizionala zen eta da. Artzainak berarentzako janaria eta tresna batzuk mendira eramateko, artzain zakua eramaten zuen alboan zintzilik. Ardi larruz egindakoa zen.

60. Balantza erromatarraren bidez gaztak pisatzen.

Gaur egun jantzi horiek guztiak zerbait aldatu egin dira, abarkak gomazkoak baitira eta askok botak erabiltzen baitituzte; ez dute kapusairik erabiltzen, uretarako jantzia edo anoraka, prakak, bakeroak edo buzoa, lauki handiko franelazko alkandorak, euritakoa eta txapela baizik.

Gaztak egiteko denboraldiaren ostean artzainen larreetako bizitza monotonoa izaten da, eta astero azokara jaisten direnean eta asteburuetan senitartekoak, lagunak eta mendizaleak sarobeetara igotzen direnean soilik eteten da monotonia hori. Beraz, momentu horietan, artzainak bizitza soziala egiten du berriak elkarri emanez, irratia edo telebista entzunez, musean jokatuz, eta abar.

Baina bestalde, antzina, artzainak txabolan geratzen zirenean denbora luzez herrira jaitsi gabe, astia zutenean zeuzkaten jolas ohituren artean, pilotalekuan pilotan jokatzea zegoen. Pilotaleku horietariko batzuk oraindik aurki ditzakegu Aralarko mendietan, Pikutako zelaiko Mendibil eta Esnaurreta sarobeen ondoan, edo Pardelutsen, izen bereko iturriaren inguruan eta Arritzagako sakanaren goiko aldeko "Amabirgin Harri" ospetsutik gertu. Elezaharrak dioenez, Arantzazuko Ama Birjinak bere oina jarri zuen harri puska horren gainean eta betirako bertan utzi zuen bere oinaren arrastoa. Gero horma konka txiki bat egin zuten Ama Birjinaren irudia bertan jartzeko. Ordutik aurrera, toki horretatik pasatzerakoan, artzain, abeltzain eta mendian dabiltzanek otoitz egiten dute ohiturari

61. Euskal artzain txakurkumeak, abarkak eta artilezko galtzerdiak jantzita dituen artzainaren ondoan.

62-63. Urkia auzoko (Itsasondo) aitona.

jarraiki, eta limosna bat uzten dute gero San Migel *in excelsis* santutegiko kaperauak edo udan artzainengana Errenagako kaperara joaten den praileak, ordain horrekin, meza emateko, mendilerroko artzain eta abeltzainak tximista, ekaitz, izurri eta sorginkerietatik babes ditzan.

Alotzako zelaitik gertu, Elutsetako sarobearen eta Ganbo mendiaren (1.427 m) artean, beste pilotaleku bat zegoela esaten da, bai eta saltarri deituriko monolito-menhir etzan eta zatitu bat ere. Inguruetako artzainek diotenez, luzeraz 3 metro baino gehiago dituen harri bitxi horren inguruan elkartzen ziren jokoak eta apustuak egiteko. Euskaldunek, lehiaketa jokuen oso zale zirenez, kare harri luze hau erabiltzen zuten oinak batera izanik harriaren luzeran zehar nork jauzi handiagoa egiten zuen apustuak egiteko.

64. Lixiba eguna Duruarango (Oñati) bordan.

Bestalde, Aloña, Aizkorri eta Altzaniako alderdian, ohitura da Arantzazuko Santutegiko praileren bat mendilerrora igotzea beste norbaitekin, eta bertan artzainen txabolaz txabola joan eta artaldea, larrea, txabola eta artzainak berak bedeinkatzea. Ondoren, aita frantziskotarrak medaila edo estanparen bat uzten du eta artzainak txabolako atean iltzatzen du. Artzainek fraideei *fraide gazta* deituriko gazta txiki bat oparitzen diete. Hori, garai batean, beti egiten zen Aralar, Ernio eta antzeko mendietan, eta frantziskoterrez gain, pasiotar, kaputxino eta beste batzuk ere igotzen ziren txaboletara.

Gaur egun asteazkena da egun garrantzitsua, egun hori hartzen baitute artzainek Ordiziako asteroko azokara jaitsi eta bere produktuak saldu eta jakiak eta tresnak erosteko; han, beste artzain eta abeltzainekin elkartuko dira, edota harremanetan jarriko dira; batzuk herriko tabernaren batean geratuko dira bazkaltzen, eta honela artaldeen salerosketei buruzko albiste eta mugimenduen berri jakiten dute, bai eta artzainen munduko beste gai garrantzitsuen berri ere.

Beste garai batean oso zabaldua egon zen ohitura bat elkar laguntza edo *bildots lorra* da; ohitura horrek erakusten digu solidaritate kontzeptua zenbateraino sartuta dagoen oro har euskal nekazarien munduan, eta bereziki artzainen erkidegoetan. Termino hori, bildots lorra, jada J. Thalamasek[6] aipatzen du, eta zera esan nahi du: artzainen bati artaldean ezbeharren bat gertatu zaionean (epizootia, tximistak eragindako hildako asko edukitzea,

65. Eguzkia eta ardiak.

66. Idiazabal jatorri izeneko gazta saltzen Ordiziako azokan.

amildegitik erortzea, otsoen edo txakurren erasoa, eta abar gertatu zaionean) edota artzain izan nahi duen gazte bat denean, inguruko artzain bakoitzari ardi bat eskatzen dio ustiapen berri bat hasi ahal izateko.

Baserrian sute bat gertatzen denean, antzeko zerbait egiten da. Baserria berriz jasotzeko nahiko diru ez badute, inguruko herri eta auzoetako bizilagunen solidaritatera jotzen da, eta hauek dirua eta materialak ematen dituzte, eta nekazaritzaren edo artzantzaren garapenerako oinarrizko elementuren baten zozketa ere egin izan da.

Txabola, borda eta sarobeko beste eraikin batzuk tximista, ekaitz eta sorginkerietatik babesteko, artzainek, ateetako markoetan, leihoetan eta hormetako harrien artean sartuta, Erramu egunean bedeinkatutako erramu egurrez eginiko gurutzetxoak jarri ohi dituzte. Kandelaria egunean (otsailaren 2an) bedeinkatutako kandelaren argizari tanta batzuk bota ohi dituzte artzainek gurutzearen enbor eta besoen gainean. Esaten dutenez, hori eginda, talismana eraginkorragoa da sarobe guztiak haserre jainkotiarretik babesteko, uste baitute bedeinkatutako kandelek indar gehiago izaten dutela tximista eta ekaitzak uxatzeko. Beste batzuek, lizar adaskak, elorri gurutzeak, estanpak, medailak eta eguzki-loreak jartzen dituzte helburu berarekin.

Artaldea babesteko, ohitura da artalde bertan ardi beltz bat edo bi izatea, beltzak edukita abereak sorginkeria eta begizkotik babestuta geratzen direla uste baitute.

Aralar, Entzia (Araba), Aizkorri eta Altzaniako artzainek nahasketa majiko erlijioso bat egiten dute helburu berarekin; zintzarri batzuen barruan toles-toles egindako orri bat jartzen dute erritual kristau-erromanikoko formula erlijioso batekin abereen babesa eskatzeko. Talisman hori zintzarritik eror ez dadin,

67. Urbiako borda bateko ateburuan babesteko jarritako gurutzeak.

68. Artaldea hildako artzain gazte baten oroimenez jarritako gurutzearen ondotik pasatzen.

zintzarriaren ahoa zapaldu eta tolesten dute, eta gero uztai batean sarturik artaldeko ardi on baten lepotik zintzilikatzen. Kutun izenez ezagutzen da elementu babesle hori. Olaberriko San Juan Bautista parrokian lortzen dira formulaok; garai batean, Narbaxatik (Donemiliagako udalerria) gertu zegoen Barriako San Bernardoko moja zistertarren komentua zegoenean, mojaok ematen zizkioten formulak hala eskatzen zieten artzainei.

Bestalde, Jainkoa hil zen eguna begirunez gogoratzeko, Aralarko artzainak ostiraletan inoiz ez ziren mendira igotzen artaldeekin udaberrian, ez eta haranera edo kostara jaisten ere neguan.

Bada beste ohitura bat Aralarko artzain zaharrek oraindik ere jarraitzen dutena; dunbak deituriko eltze formako eta sabel handiko zintzarriak kentzen zizkieten ardi onei, bai eta gidari izan diren ardiei ere, artzainaren familian urtean zehar heriotzaren bat egon denean atsekabea adieraziz. Oso kontuan izan behar da artzaina harro sentitzen dela igotzeko edo jaisteko trashumantzia txikia egiterakoan, artaldea garbi eta distiragarri daramanean, bai eta pasatzen den herrietako kale estuetan zintzarri handien hots ozena entzuten denean. Hori egiten ez dutenean, tristura eta atsekabea erakusteko izaten da, eta herrietako jendea hortaz jabetzea nahi izaten dute.

69. Artzaina kostaldeko larreetara joateko ardiak prestatzen.

70. Nafarroako Aralarko artzain batzuek Gipuzkoako kostaldeko larreetan ematen dituzte neguak eta udan Andia eta Urbasako larreetara igotzen dira. Argazkian, artalde bat Lizarragako mendatea errepidez igotzen eta atzean Beriain mendia eta San Donato ermita ikusten dira.

Artzantzaren munduko puntu garrantzitsu bat, artzainek egiten dituzten lan eta produktuei buruz herritarren artean egiten diren aipamenak dira. Esaeren bidez islatzen dira aipamenok ahozko tradizioan. Aspalditik daude artzainei, abeltzainei eta gaztei buruzko laburbildutako eta argitaratutako erlazio paremiologikoak. Esaera serie horietako bat Esteban de Garibay y Zamalloa arrasatear historiagileak laburbildu eta argitaratu zuen Anberesen 1571n; lanaren izena *Compendio historial de las chrónicas y universal historia de todos los reinos de España* da, eta bere *Memorias*-en idatzi du esaeren bi bilduma bidali zizkiola euskaraz 1596an Juan de Idiaquezi, eta horietariko batean honelaxe dio: "Arçaiac aserra çiteçen. Gastac aguiri çiteçen".

Geroago, Lope Martinez de Isasti lezoarrak beste aldaera bat jasotzen du: "Unayak arritz citean, gastaak aguercitean". Gaztelaniaz badago esaera hori bera: "Riñen los cabreros y descúbrese lo de los quesos". Garibay-ren beste errefrau bat honako hau da: "Ardi chipia, veti vildos" (Ardi txikia beti bildots). Beste zenbaitetan, esaerek, eguraldi atmosferikoari egiten diote erreferentzia: "Martxo kaldartxo, ez ardi ez artantxo" (Martxoa traidore, ez ardi ez arkume).

71. Artzaina Aralartik Lakuntza herriraino doan galtzadan behera.

72. Joxantonio Ormazabalen artaldea Muitze inguruko larre batetik bestera.

Albaitaritza eta herri medikuntza

Oro har artzainek ez dute joan nahi izaten medikuntza eta albaitaritza zerbitzuetara, askotan uste baitute beren esperientziarekin ahozko tradizioaren bidez jasotako jakintzen ondare zabal bat daukatela eta, beraz, gauzak larriki okertzen direnean soilik jotzen dute zerbitzu ofizialetara.

Mendietan, lehen, distantzia handiak eta komunikazio sistema txar eta urriak zeuden, batetik, eta oso garestia zen, bestetik, osasun eta albaitaritza zerbitzuak erabiltzea Gizarte Segurantzarik eta albaitaritzako hitzarmenik gabe.

73. Artzaina artaldea larre berritara eramaten.

Horiek guztiek, ezjakintasunarekin, mesfidantzarekin, eta hizkuntza dela eta komunikatu ezinarekin batera, ekarri dute gizatalde honek herri farmakopeako eta albaitaritzako formulak erabiltzen jarraitzea.

Gogoratzen dut nola orain dela 35 urte baino gehiago galdeketak egiten ari nintzaion Aralar mendiko artzain bat aurkitu nuen garai hartako egun batean bere txabolan, txabola argiztatzen zuen karburozko kriseilua lehertu zitzaiolako aurpegian begi bat galduta. Istripua gertatu zenetik bazeramatzan egun batzuk begiko zauria

74. Joxe Urretabizkaia, Zirigarate Bekoa bordako artzain aditua eta aritua.

kamamilaz garbitu besterik ez zuela egiten, baina ez zen osasun zerbitzuetara jaitsi, han begiratu eta ahal izanez gero ikusmena errekuperatzen saiatzera.

Medikuntza eta albaitaritza enpirikoaren eremuak, oro har, gaixotasun eta min mota batzuk bakarrik hartzen ditu, hor sartzen zirelarik gizakiek eta abereek zituzten hausturak, lokadurak, digestio aparatuko, azaleko, arnas aparatuko eta zirkulazio eta gernu aparatu erako gaixotasunak edo minak.

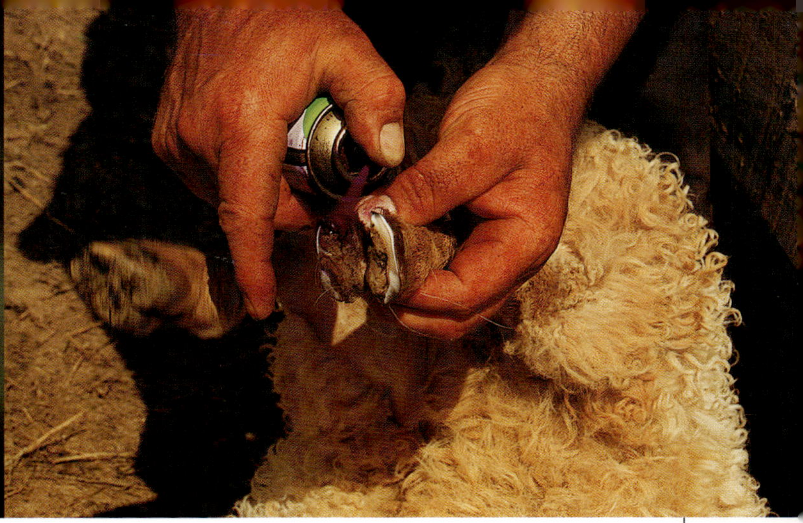

75. Artzainen soslaiak.

76. Ardi baten apatxa sendatzen aerosol erako antibiotikoa emanez.

Artzain eta abeltzainek sendatzeko praktikak eta usaerak berek egiten dituzte eta erabiltzen dituzten gaiak, oro har, ere egin, eta zenbaitetan entzute handiko edo txikiko petrikilo edo sendatzailearengana ere joan ohi dira herrira.

Modu horretan, ardiek sarri samar izaten dituzten hanka hausturak artzainek berek sendatzen dizkiete. Lehenik lau oholtxoren bidez tinkatu egiten diote apurtutako hanka ardiari eta arrautza zuringoan bustitako benda batez estutu eta gero esparatrapuz lotu.

Gero errazago jezteko buztana mozten zaienean arkumeei, bi ornoen arteko lotura bilatzen zaie eta gutxi gorabehera zortzi zentimetroko buztan zatia uzten. Buztana mozteko, atzeko hanken altueran jarri eta hor heldu behar zaio arkumeari hanka artean, eta ondoren, behetik gorako labankada batez mozten zaio buztana. Nahiago izaten dute garai hotz eta lehorretan egin hori, ahal den neurrian infekzioak saihestearren.

Arkumeei titia kentzeko, zenbait artzainek zakurren gorozkiekin igurzten dizkiote titiburuak. Titiburuak eta errapeak biguntzeko gantzutu egiten zituzten mantekaz edo kamamila loreak frijitu dituen olioz igurtzen.

Herri farmakopeak, orokorrean, belar biltzaileengana eta mendietan jaiotzen diren hainbat sendabelarretara jotzen du sendabideak aurkitzeko.

Jarraian, sendabide horietariko batzuk aipatuko ditut:

Garatxoak sendatzeko ihi zukuz edo baratxuriz igurtzi behar dira, edo sutara gatz aleak bota.

Eztarriko minaren aurka, oreganoa egositako ura edan behar da, beheko suko errautsak poltxatxo batean lepotik zintzilik eraman, edo San Juan egunean bedeinkatutako argizari zati bat jarri lepoan.

Libragarri moduan, gazta egin eta gero sobratu den gazurari tartiku belarra (*Dafne laureola*) erantsi ondoren, edan egin behar da.

Orkatileko zaintiratuaren mina gutxitzeko huntz lurrinak hartu behar dira.

Sartutako ziri eta arantzak ateratzeko, txerri urdai pixka bat jarri arantza sartuta dagoen lekuaren gainean, eta handik denbora gutxira, erraz atera ahal izango da.

Erreumaren aurka, asunaz edo muxar-olioz igurtzi behar da, edo baita ere Ernioko Gurutzetik (1.072 m) gertu dauden burdinezko uztaiak gainetik pasatu, edo Aralarko San Migel Santutegiko kaperan dauden kateen azpitik pasatu.

Buruko minen aurka, otoitza egin eta limosna bat ematen den bitartean nitxoak dituzten aldareetan burua sartzea bezalako erlijio erritu magikoak egin daitezke. Nitxodun aldareak Gipuzkoan Urdaiagako San Estebanen, Zegamako San Pedron, eta Nafarroako Aralarren (kaperako aldarearen ondoko zuloa) aurki daitezke.

Belarriko minari aurre egiteko, kamamila loreekin batera frijitutako olio tanta batzuk, gorputzaren tenperaturan, bota behar dira, edo baita ere Albizturgo San Gregorio ermitako lanparako olio tantak.

Ospelei aurre egiteko, ospel belarraren orriez igurtzi behar da leku hori eta gero bendatu.

Tripako minaren aurka kamamila infusioa hartu behar da, eta basaka edo kamamila likorearen kopatxo bat.

Maskuria garbitzeko eta pixa egiteko azeribuztan infusioa hartu behar da. Ahuntz garo edo haitzeko garo infusioa ere erabiltzen dute, edo artabizarrak egosi eta horko ura ere edaten dute.

Erredurak sendatzeko ondo xehetutako asun hostoak jarri behar dira horien gainean. Beste erremedio bat izan daiteke egositako intsusa bihotza eta erleen argizaria nahastuz eginiko pomada jartzea, edo baita ere astaputzaren "hautsa" jartzea erreduraren gainean.

Hesteetatik zizareak kentzeko, baratxuriak esnetan egosi ondoren, edan egin behar da, edo zuritutako baratxuri atal batzuk baso ardotara bota eta kanpoan beratzen egun batzuk utzi ondoren, zurrutada bat edan behar da egunero.

Beherakoa mozteko, lahar punten altsumak edo zakur arrosaren (*Rosa canina*), jendeak tapaculos deitzen dionaren, fruitua egosi eta ateratzen den ura hartu behar da.

Azkenik, odol-kolpea (tentsioa) jaisteko, zaingorri ura edo "odola argaltzeko" ona dela esaten duten malba belarraren ura edan behar da.

77. Pago enborrean hazitako ardagaiak (*Fomes fomentarius*). Onddo hauek garai batean sua egiteko eta odoljarioa gelditzeko erabili izan ziren.

78. Aralarko San Migel in Excelsis santutegia neguko egun batean.

Gazta eta artzantzako bestelako ekoizpenak

Ardi-aziendaren ustiapenetik artzainak lortzen dituen produktuak honako hauek dira: haragia, artilea, esnea, larruak eta ardi-simaurra. Mendietan beste azienda batzuk ere eramaten dira larratzera, hala nola: zaldi azienda, behorrak eta moxalak hain zuzen ere, pirinioetako behiak, suitzar arreak eta arraza gurutzatukoak, horiek guztiak haragitarako izaten direlarik.

Latxa ardien kasuan, batez ere bi ekotipo ditugu Gipuzkoan: batetik, ekialdean, ardi mutur gorri bezala ezagutzen den arpegi horail eta gorrixkako ardia eta, aurrekoa baino gutxiago, ardi pinttoa, oso landakoak eta esne ugarikoak dira; bestalde, mendebaldean, ardi mutur beltzak daude (arpegi beltzekoak); hoietariko batzuk tupea dute lepagainean eta Gorbea aldetik datoz. Horiek ere esne ugari ematen dute.

Herri mendietako larretan aske dabilen txerri-azienda, txerri gazteen talde txikiez osatua egoten da. Zenbait

79. Ekaitz ostean barealdia, erromako zubia edo ortzadarra Abaltzisketan.

artzainek denboraldi hasieran erosten dituzte gazta egiteko sobratu zaien gazurarekin gizentzeko. Kanpainak irauten duen bitartean, txabolan sobratzen zaizkien hondakinez mantentzen dira txerriok, hots, larreko pentsuz eta pago ezkurrez. Eguraldi txarretik babesteko, eraikuntzaren bat edo txapazko teilape arrunt batzuk egon ohi dira sarobean, txerritegiak deiturikoak.

Baina zalantzarik gabe, latxa ardien ustiapenetik lortzen den produkturik garrantzitsuena gazta eta mamia egiteko esnea da.

80. Idiazabal jatorri izeneko ardi gazta.

81. Joxe Zeberio *Maiorra* behorzalea Urkillagako lepoan (Ataun).

Artzainek egiten dituzten gaztek, egin berritan 2 kilo pisa ditzakete, eta txabolako gaztategian lehortu eta ontze prozesua hiru hilabeteren buruan amaitzean, 1,5 kilotan geratzen dira gutxi gorabehera. Dena den, etxekoandreek erosi nahi izaten duten gazta, tamainu eta pisu gutxiko gazta da, eta beraz, txikiagoa denez, prezio onean sal daiteke.

Azokara jaisteko edo norbaiti zuzenean saltzeko prest daudenean gaztak, artzainek eskuila bat erabiltzen dute produktua itsusitzen duen lizun kapa beltza kentzeko. Hori amaituta, gaztaren azalak marfil kolore dizdiratsu

82. Elixabete Arrillaga artzaina, Urbiako Laskolatza sarobekoa.

bat izaten du arpegi paraleloekin, bultorik, arrailarik eta pitzadurarik gabe, eta moldean bildu zuen trapuaren marka ikus daiteke.

Gipuzkoan, gazta asko txabolan bertan edo aparteko eraikuntza batean ketzen dira, horretarako dauden geletan. Gaur egungoa baino askoz ere gogorragoa eta intentsoagoa zen orain dela urte batzuk egiten zen ketzea; gaur egun, kolore leun bat eta apur bat ketua den zaporea ematen zaizkio. Beste garai batean, gaztak egiteko zegoen higiene urritasuna zela eta, ketze sakon eta intentso hau bestelako zapore txarrak ezkutatzeko eta harren kutsadura ahal den neurrian saihesteko egiten zen.

83. Luis Mª Iglesia gatzurez eta pentsuz hazitako txerriekin Ariñateko bordaren azpiko aldean.

84. Behien soslaia Altzaniako mendietan.

85. *Bixar* artzaina esne jetzi berria iragazten eta marmitetan biltzen.

Artzainek eskulangileen ohiko teknikekin txaboletan egiten duten gaztak eskaera handia du. Oro har, xeheka saltzen dituzte gaztak txabolan bertan, eta batzuetan, saltzaileren edo jatetxeren bati ere saltzen dizkiote egin aurretik.

Gaztez gain, artzaina neguan kostaldean edo beterrian dagoenean, eta jezten hasi eta gero, esne kantitate bat jasotzen du mamia edo gatzatua egiteko. Mamia egiteko, esneak gutxienez bi aldiz irakin behar du eta, ondoren, sutatik atera egin behar da tenperatura 36/37°C-ra jaisteko.

Orain dela hirurogeita hamar urte inguru, esnetan sartutako harri gori batzuen bidez berotzen zuten esnea irakin arte. Esnarriak ziren, eta esneari berriz erretako usain bat ematen zioten, zenbait ingurutan arrakasta handia izaten zuelarik horrek. Esnea 37°C-tan gutxi gorabehera hozten uzten zen. Tenperatura hori hatz edo ukondoa sartuz neurtzen zuten, eta gorputzeko tenperaturarekiko ezberdintasunik nabarmentzen ez bazuten, horrek esan nahi zuen behar zuen tenperatura zuela. Esperientziak erakutsitako bezainbat gatzagi natural nahasten zioten mamitze on bat lortzeko.

Gaur egun erabiltzen duten gatzagia etiketaduna izaten da, eta errazagoa da dosifikazioarekin asmatzea. Momentu horretantxe bertan esneari gogor eragin behar zaio, eta poteak betetzen dira (5 pote litroko), eta guztiz geldirik uzten da hiru ordu laurden baino gehixeagoan, eta denbora hori pasatuta, gatzatua prest dago saltzeko eta jateko.

Euskal Herriko beste zenbait tokitan, gazta egiteko sobratu zaien gazura irakinaraziz, zenborena edo gaztanbera lortzen dute, eta egin berritan edo zakuetan gazituta edo onduta jan daiteke.

86. Latxa arrazako ahari mutur gorriak artaldeko ardiekin nahasian.

87. Errezilgo *Keixeta,* Ernio magaleko Axeri Buztana bordako artzaina.

Abeltzaintzak eta nekazaritzak elkarrekin duten harremana

Artzantza eta nekazaritzaren jatorrietatik elkar oso lotuta daude biak, batak bestearen beharra baitu gaur egunera arte Euskal Herrian iraun duen ekonomi egitura tradizional bat garatu ahal izateko. Honela, lurraren jabetzari buruzko lan batean, M. Lekuonak[7] dio zera entzun ziola Andoaingo baserritar bati esaten: "soroak zor du larrea" edo beste zenbaitetan "nekazariak zorra dio artzainari".

Jakin badakigu artzainak, inguru hauetan, artaldea zaintzeko sistemaren barruan bi zati ongi ezberdinetan bereizten duela urtea. Lehenean, udaberrian, udan eta udazkeneko aldi batean, mendietako larre garaietan egoten da, han oraindik ere herri mendiak, batasunak eta partzuergoak baitaude. Mendi horietara igotzen dira aintzinatik han dauden belar, ur eta egurrak besteekin batera usufruktuan erabiltzeko. Horretarako, gorago aipatu dugun bezala, mendi horietara joaten diren artzain eta abeltzainek ezaugarri batzuk eduki behar dituzte, ordenantzei jarraitu eta eskubide eta betebeharrak kontuan hartu. Bestalde, gainontzeko urte sasoian, hots, udazken amaieran, negu osoan, eta udaberri hasierara arte, beheko aldean egoten dira baserriren batetako belardiak erabiliz eta alokatuz. Zenbait kasutan, artzainak berak edo senitartekoren batek baserria izaten du mendiaren oineko herriren edo lekuren batean, baina sarritan, "lurrik gabeko artzaina" izaten da, eta hori dela eta, baserri batzuetako belardiak alokatzen ditu eta hutsik dagoen baserriren batean jartzen da bizitzen.

88. Mamitutako esnea irabiatzen ur beroa eransten dion bitartean. Bordan bertan ohiko eran gazta egiteko beste fase bat da.

Askotan, Gipuzkoa edo Bizkaiko beterri edo kostaldeko zonetan baserriok oso egoera txarrean egoten dira, eta landarez eta hormez itxitako belar barrutietan larratzen dituzte ardiak. Horrela, han dauden bitartean, artaldeak uzten duen gorotzak naturalki ongarritzen du belardia. Ongarri organiko naturalez hobetu nahi izaten dituzten laborantza sailetara ere eramaten dituzte. Modu erraz horretan, aspalditik, industria ekoizpeneko ongarririk erabiltzen ez zenean, bide hori erabiltzen zen belardiak nahiz laborantzako sailak (artadiak, bazka-belardiak, sagardiak, eta abar) hobetzeko.

Azken hitza

Gipuzkoako artzantza tradizionalaren munduari berrikusketa bat eginda, okerrik egiteko beldurrik gabe esan genezake azken hogei urte hauetan, antzinako bizitzeko modu hori aldatu egin dela, eta jarduera konstruktibo eta berriztagarri hori, gure artean egon eta abereak etxekotu zirenetik belaunaldiz belaunaldi abere proteina jateko aukera eman duena, azken bost mila urteetan baino gehiago garatu dela azken aldi honetan.

Adierazpen hori berresten dugu besteak beste honako honegatik:

Orain dela 40 urte, Gipuzkoako artzain sarobeak ezagutu nituenean, txabolek ez zuten ez leihorik, ez tximiniarik, ez eta oherik, eta kea harri-horman ahal zuen tokitik irteten zen, estalkitik edo atearen goiko aldetik; kamaina enborrek mugatutako txilar piloa zen. Estalkia bi aldeetakoa zen, zenbaitetan. Zohi kapa batez osatua egoten zen, eta beste eraikin batzuetan garo-geruza lodi baten bidez. Beheko sua edukitzen zuten, eta pertza galdara eta zartagia laratz katetik zintzilikaturik egoten ziren. Kriseiluak ematen zuen argitasuna, eta askotan sutegiko sugarren argiak ere bai.

Sukaldeko tresnak ere aldatu egin dira; buztinezko eltzeak, sukaldean ibiltzeko egurrezko mahai-tresnak eta gatzontziak zeuden.

Ura ontzietan ekarri behar izaten zuten, leku malkar eta urrunetan zegoen iturri edo iturburutik askotan.

89. Miguel Antonio Sukia 97 urteko artzaina ohiko tresnekin, marmita, txurka eta zumitzarekin, gazta egiten Zaldibiako be baserriaren ondoan.

90. Elutsetako sarobea eta atzean Larrunarri edo Txindoki mendia.

91. Artaldea neguko beterriko larreetan, atzean Aizkorri eta Aloña.

92. Eilorra edo txerritegia lizar artean Oiduiko sarobean (Aralar).

93. Doniturrieta Azpikoa sarobeko artaldea artzaina eta txakurrarekin.

Ganaduarentzako aska edo ganbelak egiten zituzten, oro har, pago enbor lodi bat aizkora edo zeioz induskatuz.

Sarobeetara, oro har, oinez joaten ziren bide zidor estuetatik, eta zati batzuk ferra-bideak eta malkar handikoak izaten ziren.

Gazta egiteko erabiltzen ziren tresna eta ontziak, abatsak eta apazko txikiak esaterako, egurrezkoak ziren; gaztari forma emateko zumitzak ere egurrezkoak ziren, bai eta iragazkia edo esnea iragazteko inbutua eta gorostiz eginiko malatxa ere.

Ganadua eskuz jezten zen; horretarako artzaina artegian egoten zen ganadua barruan aske zegoela, eta kukubilko eta eserlekurik gabe bera mugituz jezten zituen ardiak.

Gaztak egiteko garaian, osasun araurik eta, higiene neurririk ez zegoen eta albaitariak ez zuen jarraipen zorrotzik egiten.

Transhumantzia txikia, zuzena nahiz zeharkakoa, ohiko bideetan eta askotan beren lekura iristeko errepide tarteak ere egin behar izaten zituzten.

Baina, gaur egun, txabolak asko berriztatu dira, eta horietariko askok antzinakoak baino luze-zabalera askoz ere handiagoa dute. Hormigoia erabili da eraikuntzan, eta soliba txikiak, ura bi aldetara erortzeko estalkiak, terrazozko zolua, eta beiratutako leihoak dituzte. Gainera gelak ditu eraikinak eta sukaldean ur-korrontea, ekonomika eta gas erregailua aurki daiteke. Horretaz gain, dutxa eta konketa eta logeletan lasataira eta koltxoia dituzten oheak, gazta gela eta biltegi txiki bat ere badituzte. Plaka fotoboltaikoen bidez lortzen dute argindarra. Horrela elikatzen dituzte lanparak, irratia, telebista (ordu batzuetan), eta gas-bonbonaren bidez ibiltzen den hozkailua.

Burdin txapazkoak (herdoilgaitzak edo duraluminiozkoak) dira gazta egiteko erabiltzen diren tresna eta ontziak eta iragazkiak sare metaliko heldoilgaitzekoak. Plastikozko moldeak dituzte eta termometroa eta lira erabiltzen dituzte mamia mozteko. Maria bainurako gas berogailuak erabiltzen dituzte. Upelak altzairu herdoilgaitzekoak dira eta erresorteko prentsak eta, hidraulikoak ere, edukitzen dituzte.

Askotan 4x4 ibilgailu lurrorotakoak erabiltzen dituzte saroberaino iristeko bide eta pistetatik.

Jetzi behar dutenean, kaxa batean sartzen dute ardia mugi ez dadin, eta artzainak bitartean eserita dagoela eta zenbaitetan aterpean, ardia jezten du.

Ia leku guztietan egiten dira txertaketa kanpainak, esne kontrolak eta ematen bizkarroien kontrako bainu eta dutxak.

Neguan eta udaberrian egiten diren aldizkako toki aldatzeak, ia beti abere-kamioien bidez garraiatuz egiten dira.

Ardi-azienda duten zenbait baserri eta ustialekuk, bai eta txabolak mendiko larreetan eta estabulaziorako nabeak haranean dituzten artzainek ere, jezteko sistema mekanizatuak dituzte, nahiz ilaran nahiz paraleloan, zintarekin edo zintarik gabeko hobi edo biribilunean, horrela lan neketsu hori hobeto, garbiago eta azkarrago egin ahal izateko. Bestalde, ardi ustiapenak dituzten baserri askok, altzairu heldoilgaitzeko upelak dituzte esnea hoztuta edukitzeko eta horrela gero gazta egin ahal izateko.

Bertako produktuak saltzen dituzten azoka eta merkatuek, gaztaren sustapenerako hain garrantzitsua den Idiazabalgo Gaztaren Jatorrizko Deituraren Kontseilu Erregulatzaileak eta latxa ardiaren esnez eginiko gazten hainbat lehiaketek ekoizpena areagotu egin dute eta ketutako nahiz ketu gabeko gazta araupetu.

Goian aipatutako instalazioak aldatu eta modernizatu egin direla esateaz gain Arantzazun Artzain Eskola bat ireki dela esaten badugu, artzantzak eta latxa ardiaren ustiapenak etorkizuna duela ondoriozta dezakegu, nahiz eta modu, maneiu eta metodo asko aldatu beharko diren aurrera ateratzeko. Bestalde, jakin badakigu Euskal Herrian gaztaren kontsumoa 8 kilokoa dela pertsonako urtean, eta EBko bataz bestekoa 15 kilokoa da (Grezian 21 kilo eta Frantzian 18), beraz, badirudi oraindik ez gaudela asetuta. Gure sukaldariek trebeak izan behar dute, plater berriak bururatzen ari direnean, gazta gure bazkari-afarietan nola sartu asmatzeko, postre izatetik plater nagusiaren osagai garrantzitsu izatera pasa dadin.

94. Gaztagintzako teknika berriak nagusitzen ari dira. Amelia Jauregi matoia zanpatzen gero trapuan bildu eta plastikozko moldean sartzeko. Gabiriako Baztarrika baserriko instalazioak (nekazalturismoa).

95. Artaldeak dituzten baserrietan geroz eta ugariagoak dira jeztoki mekanikoak, horren neketsua den lana arinduz eta garbitasun egoera hobeagoan egitea lortuz. Argazkian Gerardo Garmendia *Mozo*ren jeztokia Zaldibiako Aizporra baserrian.

96. Idiazabal jatorri izeneko gaztaren kontsumoa sustatu, kalitatea hobetu eta tipifikatzeko Kontseilu Erregulatzaileaz gain, Euskal Herriko zenbait herritan, gazta dastaketako txapelketak antolatzen dira, epaimahai aditua aritzen delarik. Argazkian, Ordizian –gaztaren hiriburuan– urtero ospatzen den gazta txapelketa entzutetsua.

97. Orendaingo Zelaieta baserriko Joxantonio Garmendia egunsentian, gazta industria baterako esnea biltzen duen kamioiaren zain.

Oharrak

1. *Nueva Recopilación de los Fueros.* 1867ko berrinprimaketa, faksimila, Valladolid, 1976. 325. orrian ondoko hau dio: Aunque en todo tiempo se ha prohivido el que se traigan cabras en terminos, y en montes agenos, ni en heredades, salvo en el termino, monte, y heredad propios del dueño de las cabras (Henrique IV.ak Gasteizen 1457ko martxoaren 30ean), y en lo antiguo, estuvo impuesta la pena de diez blancas por cada cabra, y cinco de cada cabrito, que se hallasen en heredad, y termino ageno; ha sido tal la costûbre de tenerla, y conservarlas en casi toda esta Provincia com mucho daño de los montes, y frutales de los Concejos, y particulares, que por requerir el remedio de los males, que ocasionan en todas partes, el establecimiento de mayores penas de las dispuestas por la Ordenanza antigua. Ordenamos, y mandamos, que la dicha Ordenanza se guarde, y cumpla, y la pena de las transgresiones sea, y se entienda, veinte y quatro marevedis, por cada vna cabra, y doze por cada vn cabrito, y al doble prendandolas de noche, y que con este aditamento de penas se execute la dicha Ordenanza antigua, que es como se sigue. De aquí adelante en la dicha Provincia ninguno, nin algunos non trayan cabras en terminos, y montes agenos, ni heredades, salvo en su heredad, y termino y monte, é qualquier, ó qualesquier cabras, que fueran falladas; paguen cada vez, por cada caveza mayor diez blancas, y por el cabrito cinco blancas, é que esta dicha Ordenanza se tenga, y se guarde en toda la dicha Provincia, é que ninguno, nin algunos non vayan, nin passen contra esta dicha ordenanza, so pena de cada tres mil marevedis á cada Concejo, y Villa, ó Lugar, y á cada persona mil marevedis (Pelipe II.ak Madrilen 1589ko apirilaren 15ean).
2. Villareal de Berriz, P.B.: *Máquinas hidráulicas de Molinos y Herrerías, y gobierno de los árboles y montes de Vizcaya.* Madril, 1736, facsimile. Donostia, 1973.
3. *Gipuzkoako Forua.* Facsimile. Lex Nova, Valladolid, 1976.
4. Ikus Leizaola, F.: Antropologiako jardunaldiak: *Erlijioa eta sinboloak.*
5. LeizaolaSerminen komunikazioa. Antropologiako jardunaldiak: *Erljio eta magia sinboloak Euskal Herriko nekazaritza munduan.* S.E.V. Iruñea, 1998.
6. Thalamás Labandibar, Juan: *Aspectos de la Vida Profesional Vasca.* Donostia, 1935.
7. Lekuona, Manuel de.: *Idazlan guztiak 2, Euskal etnografia*, Tolosa, 1978, 26, 27 orriak.

Bibliografia

ARIN DORRONSORO, Juan de.

«Notas acerca del pastoreo tradicional de Ataun», *Anuario de Eusko Folklore* nº XV - Aranzadi Zientzia Elkartea. Donostia 1955.

BARANDIARAN, José Miguel de.

El Hombre Prehistórico en el País Vasco. Edit. Ekin. Buenos Aires 1953.

«Notas sueltas sobre el pastoreo en Gorbea (Vizcaya)», *Anuario de Eusko Folklore* nº XV- Aranzadi Zientzia Elkartea. Donostia 1955.

«Hojas de Eusko Folklore» nº 47 –192 – *El Mundo en la mente popular Vasca.* Auñamendi - Donostia 1960.

Diccionario ilustrado de mitología Vasca – Obras Completas tomo 1º - Bilbo 1972.

CILLAN APALATEGUI, Antonio.

La Comunidad. Foral de Pastos en Guipuzcoa. Gipuzkoako Aldundiaren moldiztegia. Donostia 1959.

ECHEVERRIA, Teófilo - ECHEVERRIA, Augusto.

El ganado ovino de raza Lacha en Navarra - Nafarroako Foru Aldundia. Iruñea 1970.

EGURCEGUI ARRONIZ, Jesús.

La vida del pastor y el manejo del rebaño - Gasteiz 1995.

GIRO MIRANDA, Joaquín.

Memorias de un pastor riojano - Logroño 1985.

GOÑI, Carmen de.

«Algo sobre la Parzonería General de Guipuzkoa y Alava». *Anuario de Eusko Folklore* nº 15. - Aranzadi Zientzia Elkartea. Donostia 1955.

GOROSABEL, Pablo de.

Diccionario Histórico, Geográfico Descriptivo de Guipuzcoa. Facsimile. La Gran Enciclopedia Vasca. Bilbo 1971.

LEIZAOLA, Fermín.

«Uztai Egillea». *Anuario de Eusko Folklore* nº XXIII - Aranzadi Zientzia Elkartea. Donostia 1967-68.

«Algunos aspectos de la artesanía rural en Navarra». *Revista Munibe.* Donostia 1971.

«Contribution à l'Étude des Artisans du Bois au Pays Basque». *Actas del Primer Congreso Internacional de Etnología Europea.* Paris 1971.

«Cuchareros del País Vasco». *VI Congreso de Estudios Pirenaicos.* Bagnères de Bigorre 1971.

«Aspectos de la vida pastoril en el País Vasco». *IIª Semana de Antropología Vasca.* Bilbo-Deustu 1973.

«Algunos sistemas de colocar badajos a los cencerros empleados en el País Vasco». *VII Congreso de Estudios Pirenaicos.* 1974.

«La ganadería como actividad preindustrial. Técnicas pastoriles». *IIIª Semana de Antropología Vasca.* Bilbo 1976.

Euskalerriko Artzaiak. Etor. Donostia 1977.

La Cultura pastoril. Euskaldunak. Etor. Donostia 1978.

Notas sobre el pastoreo en Gorbea - Bilbo 1979.

Euskal Etnografía, álbum de diapositivas comentadas. Banco de Vizcaya. Donostia 1979.

«El pastoreo tradicional en Gipuzkoa, notas para su estudio» - Narria - Madril 1991.

OTERO, X - EPALZA, A - LEIZAOLA, F.

Kaikugilleak, Domingo Etxandi - Iruñea 1987.

SANCHEZ TRUJILLANO, María Teresa y GOMEZ MARTINEZ, José Ramón.

Rebaños. La ganadería tradicional a través de las colecciones del Museo de la Rioja. Logroño 1995.

THALAMAS LABANDIBAR, Juan.

Aspectos de la Vida Profesional vasca. Donostia 1935.

VILLAREAL DE BERRIZ, Pedro Bernardo.

Máquinas Hidráulicas y Gobierno de los Árboles y Montes de Vizcaya. Facsimile - Sociedad Guipuzcoana de Publicaciones. Donostia 1973.

ZUMALDE, Ignacio.

Historia de Oñate. Gipuzkoako Foru Aldundia. Donostia 1957.

PASTOREO EN GIPUZKOA

Introducción

El territorio histórico de Gipuzkoa está situado en el extremo occidental de los Pirineos, confina al norte con el mar Cantábrico, al sur con Araba (Alava) y Nafarroa (Navarra), al oeste con Bizkaia (Vizcaya) y al este con el territorio de Lapurdi en Iparralde y Nafarroa.

Sus coordenadas de situación están entre los 42°53´45´´y los 43°23´46´´de latitud N y 1°43´40´´y 2°36´05´ de latitud W (Greenwich).

Tiene una extensión de 1.997 km^2, su población se aproxima a los setecientos mil habitantes, lo que hace que soporte una altísima densidad de población de 350 habitantes por kilómetro cuadrado.

Su punto culminante es el Aitz Txuri de 1.551 metros que se encuentra próximo al pico de Aketegi en el macizo de Aizkorri. Desde este límite meridional de Gipuzkoa nacen los principales cursos fluviales que forman una red hidrográfica que discurre de sur a norte, formando profundos y estrechos valles en donde, junto a sus vegas, están establecidos los principales núcleos de población y los pabellones industriales. Este tejido urbano e industrial casi ininterrumpido en algunos de los fondos de las principales cuencas hace que en muchas ocasiones el paisaje sea una conurbación. Los ríos principales de oeste a este son el Deba, Urola, Oria, Urumea, Oiartzun y Bidasoa.

El hábitat en las zonas rurales y de montaña es disperso, formado por pequeños núcleos, barriadas y anteiglesias en torno a los cuales se agrupan algunos edificios de carácter cívico, lúdico y religioso y el resto de la población vive en caseríos que se encuentran diseminados y a diferentes cotas a lo largo y ancho del término municipal. En estos lugares, por lo general, la actividad es agropecuaria, aunque se observa un claro y paulatino descenso de la población dedicada al sector primario que tiende a establecerse en núcleos más importantes situados en los valles junto a los ríos principales. El mundo rural abandona su medio y se ubica en zonas urbanas en donde busca trabajo en el sector industrial o de servicios.

Zonas y tipos de pastoreo

Esta actividad milenaria que es el pastoreo se desarrolla preferentemente en zonas de montaña, en donde los pastizales naturales son bastante abundantes. En Gipuzkoa la superficie que ocupan los pastos permanentes son por comarcas las siguientes:

	Hectáreas
Bidasoa – Donostialdea	12.051
Deba Garaia – Alto Deba	5.604
Goierri	11.541
Tolosaldea – Tolosa	9.277
Total	**53.579**

Los pastores y los ganados son por lo general de los pueblos situados en la falda y pie de monte de los abundantes pastizales naturales de altura, que todavía en algunas ocasiones son de utilidad y aprovechamiento comunal.

Estos pastizales se encuentran entre altitudes que van desde los 400 m a los 1.500 m sobre el nivel del mar.

Las zonas de pastoreo más importantes en Gipuzkoa son las siguientes (véase mapa nº 1):

Zona meridional: Sierras de Zaraia, Elgea, Altzania y Aizkorri.

Zona centro: Macizo de Izarraitz, Andutz, Murumendi y macizo de Ernio-Gazume.

Zona suroriental: Sierra de Aralar guipuzcoano y montes de Ataun.

Zona nororiental: Monte Jaizkibel.

Zona noroccidental: Macizo de Arno-Biolar.

Zona oriental: Macizo de Adarra-Mandoegi y montes Ipuliño y Uli.

Los tipos de pastoreo que se desarrollan son los siguientes:

- Pequeña trashumancia
- Trasterminancia
- Pastoreo de borda (pastizal – caserío)
- Estabulado.

La pequeña trashumancia se desarrolla entre los pastores que tienen durante el estío sus rebaños en los altos pastizales de Aizkorri, Altzania y Aralar, principalmente. Pastos que se desarrollan en cotas que fluctúan entre los 600 y los 1.500 m. Estos ganados ovinos permanecen durante la primavera y hasta bien entrado el otoño en las praderas naturales de esas montañas y descienden con la llegada del invierno y el agotamiento de los pastos a las praderas artificiales y de siega, situados en la costa cantábrica, y a los valles bajos tanto de Gipuzkoa como de Bizkaia. Aprovechando estos pastos bajos llamados *belar soroak* o *barrutiak*, estos ganados permanecen en estos lugares hasta la próxima primavera, más concretamente hasta principios de mayo.

La trasterminancia se da sobre todo entre los pastores de los macizos de Zaraia, Izarraitz y Ernio. En este caso los pastores permanecen durante el final de la época de ordeño en la *txabola* que tienen en la majada, una vez que las ovejas se han *secado* (se han dejado de ordeñar) suben solamente de forma esporádica a pernoctar a la *txabola*. Con la llegada de los primeros fríos, nieves y con los pastos agotados, el pastor desciende con el rebaño hasta el caserío que esta situado en el valle o en la misma ladera del monte.

En la actualidad muchos de estos pastores han ido cambiando sus costumbres y manejo del ganado pues algunos de estos pastores sólo suben al monte en la época de ordeño y permanecen en la *txabola* recogiendo el rebaño y ordenándolo. Pero la leche obtenida la baja, con ayuda de algún vehículo, en marmitas hasta el caserío y allí o hace quesos o lo que es más generalizado, vende la leche a alguna central quesera. Fuera de la época de ordeño, sube a la *saroia* (majada) de vez en cuando para vigilar y saber dónde se encuentra el rebaño y también para reagruparlo, contarlo, atenderlo sanitariamente, etc.

El pastoreo de *borda* es el que se desarrolla en los caseríos que poseen a no mucha distancia de los mismos un terreno pastizal con *borda* y otras construcciones anejas como rediles. En estos lugares mantienen semiestabulados pequeños rebaños de ovejas. Estos rebaños suelen estar formados por un número que oscila entre 25 y 80 cabezas de ganado. Por lo general el manejo y atención de este ganado lo hace el propio *baserritarra* (casero). Éste, aparte, atiende a las labores del campo y al ganado vacuno tanto de leche como para carne que tiene estabulado en el *ukullu* (cuadra) del propio caserío.

Ganados que se pastorean

Entre los ganados que son objeto de pastoreo en Gipuzkoa podemos citar: el ovino, equino, vacuno, algo de porcino y de forma restrictiva el caprino. La cabra, debido a que ramonea las yemas y tallos jóvenes de los árboles y arbustos, está sujeta a una rigurosa legislación que limita su libre pastoreo. Así el Fuero de Gipuzkoa año 1697 en el título XL capítulo VI dice; «que ninguno pueda traer cabras en la Provincia, sino es en su propia heredad»[1].

En este libro vamos a tratar sobre todo del pastoreo de ganado ovino y nos ocuparemos más someramente de las otras especies que se pastorean.

En Gipuzkoa la única raza de oveja que se dedica al pastoreo extensivo tradicional es la denominada raza *latxa*.

La *latxa* es una raza autóctona de Euskal Herria, que está establecida y domesticada al parecer desde el Neolítico. Sus características morfológicas principales son las siguientes:

- Alzada en la cruz: 60,0 cm
- Peso en vivo de la hembra: 40,5 kg
- Lana muy basta con mechón abierto y muy largo (30 cm), que forma una característica *raya en medio* sobre el dorso.
- El vellón en sucio suele pesar entre 1,5 y 2 kg
- Está muy adaptada al clima y al hábitat templado y húmedo en donde se desarrolla.
- Buena lechera, pues llega a producir algo más de un litro de leche durante aproximadamente 120 días/año.
- En condiciones normales, cría al menos un cordero al año.

De esta raza muy rústica se pueden distinguir varios ecotipos que van desde los ejemplares que tienen la cara blanca, rojiza o con pintas, que se conocen con el nombre de *ardi mutur txuri, ardi muturgorri* o *ardi mutur pintoa*, respectivamente, y que son abundantes en la zona de la sierra de Aralar y cuencas de los ríos Oria, Urumea, Oiartzun, Bidasoa y zonas aledañas principalmente.

Otro ecotipo, el conocido con el nombre de *ardi mutur beltza /baltza* (oveja de cara negra), es el que se encuentra en la zona de la Partzoneria de Altzania, sierra de Aizkorri, Macizo de Zaraia, montes del valle de Leniz y en general en las cuencas altas y medias de los ríos Urola y Deba.

Aparte de estos ecotipos, existen otros, como el que tiene una especie de abundante tupé en el testuz, conocidos en algunos lugares como *motozdune*, o algunas hembras que tienen cuernos, *adardunak*.

No suelen ser muy abundantes las ovejas de lana negra pero siempre suelen estar presentes en número de una o dos en cada rebaño. Es posible que esto ocurra ya que popularmente se cree que el mantener algunos ejemplares negros en el rebaño supone una protección contra maleficios supersticiosos y enfermedades, y por ello esta costumbre tiene carácter profiláctico y perdura a lo largo de los siglos por tradición oral.

En zonas muy restringidas de Gipuzkoa quedan algunos ejemplares de la oveja denominada *sasi ardia*. Se trata de ovejas muy rústicas acostumbradas a pacer en zonas abruptas con pastos embastecidos y con poca atención por parte de sus propietarios. Son de talla pequeña, lana áspera, basta y extremidades fuertes.

Caminos pecuarios y pastos comunales

Con la llegada de una nueva forma de vida, allá por el tercer milenio antes de nuestra Era, la domesticación de ciertos animales y plantas, el hombre prehistórico vasco comienza un modo de vida revolucionario, el pastoreo. Para ello el pastor que maneja y cuida los rebaños se ve obligado a trasladarse periódicamente con éstos en busca de pastos adecuados. Como mudo testimonio de estos hombres que poblaron nuestras montañas en épocas del Neolítico y del Hierro nos quedan actualmente las abundantes estaciones dolménicas, de cromlechs y de menhires. Dólmenes (*triku harriak, trego harriak*), cromlechs (*harrespilak* o *mairubaratzak*) y menhires (*jentillarriak*) que se encuentran ubicados, en gran parte, en lugares en los que todavía hoy existen majadas pastoriles así como en los collados existentes a lo largo del itinerario pecuario.

Con los primeros fríos del otoño, que presagian próximas nevadas, la escasez de pasto y la parición de las ovejas, los pastores y sus rebaños abandonan la montaña hasta la primavera siguiente y descienden al valle o a la costa por unos caminos fijos conocidos como *artaldebideak* o *altzubideak* (cañadas). En Gipuzkoa estos caminos pecuarios que se vienen utilizando aunque de forma muy escasa hasta nuestros días no tienen la relevancia que adquieren en Navarra con la red de cañadas reales o en otros países como Francia con *les drailles* o España con las cañadas o cabañeras de la Mesta.

Durante siglos nuestros pastores han seguido unos itinerarios más o menos fijos a través de montes, pasos y collados para llegar al lugar en donde van a pasar el invierno. El actual avance tecnológico y por tanto el aumento de los medios de comunicación rodada ha hecho casi imposible que los rebaños circulen por las carreteras sin correr éstos y aquéllos un gran riesgo. Es por ello por lo que la casi totalidad de los pastores actualmente han decidido transportar a sus rebaños, tanto en la subida a los pastos como en la bajada a los prados de invierno, en camiones. Sin embargo este método encierra sus peligros y dificultades ya que en algunas ocasiones por intentar llevar más cabezas de ganado por porte, al llegar al destino algunos animales llegan muertos por asfixia, debido al calor y al excesivo hacinamiento. Por otra parte, en el momento actual hay pastores que se quedan a pasar el invierno en alguna nave o pabellón, situado al pie del monte en el mismo pueblo. De esta manera, durante la primavera, cuando a primeros de mayo los rebaños comienzan a subir a las majadas para aprovechar los pastos de montaña a lo largo del verano, el paso de las ovejas ha dejado de alegrar con sus balidos y tintineos las calles de los pueblos por donde pasan. Ni suscita un sinfín de comentarios por parte del vecindario, que antaño se arremolinaba a su paso, sobre el aspecto del ganado, el número de cabezas, la calidad del pelaje, los tipos de cencerros que llevan y un largo etcétera.

Algunos caminos que han utilizado los pastores guipuzcoanos para llegar a los caseríos del Beterri y Kostalde tanto de Gipuzkoa como de Bizkaia para pasar el invierno son los siguientes:

Los pastores de las Malloak y del barranco de minas de Arritzaga, en lo que se conoce como zona *laiotza* u *ospela*, solían realizar el siguiente itinerario: de Amezketa por el barrio de Ugarte a Bedaio y Gurdilleko Lepo bajar al valle de Araitz por Azkarate hasta Arribe. De este punto subían por Ulangate, al monte Uli de Berastegi, collado de Belabieta, caseríos de Amasa y de aquí descender a Andoain. De este pueblo y por Berrospe siguiendo la carretera a Urnieta, Hernani y Astigarraga. En Ventas de Astigarraga el camino se divide en varias ramas y unos rebaños se dirigían hacia caseríos de Altza, Lezo, Errenteria, Oiartzun, Hondarribia o Irun.

Otro camino importante es el que, partiendo de Aralar guipuzcoano, utilizan algunos pastores de la zona de la *eutera* y central de la sierra. Éste pasa por Zaldibia, Ordizia, Arama, barrio de Berrostegi, para de aquí subir a las inmediaciones de Santa Marina de Argisiain y llegar al cruce de Santutxo en Albiztur, en donde hacen una parada. De este lugar se dirigen con los rebaños hacia Bidania, suben por la ladera sur del Ernio, atravesando este macizo por el collado de Zelatun y continúan hacia la venta de Iturriotz y alto de Andazarrate. En este punto el camino se bifurca: uno hacia la zona de Asteasu, Zizurkil, Aduna, Zubieta, Lasarte y Usurbil, y el otro a la zona de Aia, Aitzarnazabal, Zestoa, Aizarna, Zarautz y Getaria.

Por otra parte los pastores de Altzania y Aizkorri tradicionalmente han bajado con sus rebaños hacia la zona de Bizkaia, quedándose durante el invierno en algún caserío del valle de Asua, Mungia o también en pueblos de la ría de Gernika. En los mercados de muchos de estos pueblos los pastores vendían quesos frescos de leche de oveja, que tenían mucha aceptación y que ahora, por exigencias de control sanitario, han dejado de elaborar.

Los pastos comunales

En otras épocas las tierras fueron generalmente de propiedad comunal y por tanto de libre uso y disfrute por parte de los vecinos de los pueblos. Todavía en la actualidad hay algunos lugares que siguen cumpliendo esta función. Son éstos los pastos comunales que están situados en los macizos montañosos y están sujetos a una normativa para su aprovechamiento.

En Euskal Herria existen varios territorios que son de uso comunal por los vecinos de los pueblos congozantes. Éste es el caso en Gipuzkoa de la Unión de Enirio-Aralar que antes se denominaba Bozue Mayor y Bozue Menor y la Parzonería General de Araba y Gipuzkoa. Tienen derecho de uso los vecinos de los pueblos de Amezketa, Abaltzisketa, Orendain, Baliarrain e Ikaztegieta que componen el Bozue Mayor y los de Ordizia, Altzaga, Arama, Ataun, Beasain, Itsasondo, Gaintza, Lazkao, Legorreta y Zaldibia que forman el Bozue Menor.

La sede, la secretaría permanente y también la administración y archivo se encuentran en el Ayuntamiento de Ordizia.

Estos terrenos comunales tienen una superficie de 1.757 ha El origen documentado de esta comunidad de pastos se remonta a la donación que hizo de ellos Enrique III en 1400 a favor de D. Juan de Amezketa y que éste a su vez los cedió y traspasó a los antedichos pueblos en virtud de una escritura otorgada el 14 de noviembre ante el escribano de Villafranca de Ordizia D. Martín Ibañes de Aramburu.

Los derechos de estos vecinos sobre los montes de Aralar son el libre pasto con los ganados propios, así como libre uso de agua y leña caída para los fogones de las chozas, también la utilización de madera para material con el que reparar o construir la *txabola* previo marcado de los árboles por el guarda montero. En la actualidad se paga un pequeño canon anual por cada cabeza de ganado, granado o menudo, así como por el usufructo de la cabaña y anejos.

La Parzonería General de Araba y Gipuzkoa en Altzania, situada en la zona sur de la provincia, comprende entre otros el macizo de Aizkorri, y las zonas de San Adrian, Urdalur, Iramendi, Oltze, Laskolatza, Arbelar y Urbia entre otras. Tiene una extensión de 3.716 Ha, y tienen derecho de pasto y libre goce de aguas y leña los vecinos de los pueblos de Idiazabal, Segura, Zerain y Zegama por Gipuzkoa y los Ayuntamientos de los valles de Asparrena y San Millan por parte de Araba. Una parte de este terreno, más concretamente 640 ha, forman la denominada *Parzonería Txikia* o *Komun Txikia*. Esta porción es de uso y disfrute exclusivo de los vecinos de Idiazabal, Segura, Zegama y Zerain. La sede de ambas Parzonerías y también el archivo se encuentran radicados permanentemente en el Ayuntamiento de Segura.

Majadas, seles y construcciones pastoriles

La majada es el lugar donde sestea y se recoge el rebaño durante la noche, así como donde se encuentran las chozas o *txabolak* en donde habitan temporalmente los pastores desde la primavera a final del otoño en los pastos de montaña.

En lengua vasca, según las zonas, la majada recibe diversos nombres: *saroia, sarobea, sarea, gorta, korta kaiolar, kujala,* etcétera.

Las majadas, por lo general, suelen estar situadas en zonas al abrigo de los vientos reinantes, en una pequeña vaguada, hondonada o dolina, al pie de alguna peña, etc. Una *saroia* tipo suele estar formada por una o varias *txabolas* para habitación temporal de los pastores, y de una serie de agregados, tales como *arditegia* (construcción para albergar a las ovejas), *baratzak* (huerta en donde los pastores cultivan algunas hortalizas: puerros, patatas, lechugas, zanahorias, ajos, perejil, berzas, etc.), *eskortak, jeiztokiak* o *artizkunak* que es el redil para ordeñar a las ovejas. Éstos suelen estar hechos con muros de piedra en seco, cierres de ramas vegetales entretejidas *egur esie* o simples empalizadas de tabla: junto a la choza y el redil varias casetas para los perros *txakurtokiak*. También en otros casos suelen estar presentes otras construcciones como el *oilotegi* (gallinero), *txerritegi* (pocilga para los cerdos), *eillorrak* o *illorrak* (construcciones muy elementales con cubierta de gruesa capa de helecho dispuesta a dos aguas) y también un gran cerramiento de muro de piedra en seco para encerrar al aire libre el rebaño durante la noche cuando había peligro de que atacara el lobo. A este recinto se le conoce como *gausarea*. En el interior de este recinto y en los alrededores de la majada abundan gruesos árboles de fresno, junto a otras especies como las hayas (*pagoak*) y los espinos (*elorriak*) que producen un lugar fresco y con abundante sombra, que es uno de los lugares preferidos por el rebaño de ovejas para descansar al fresco cuando el sol aprieta durante el verano. A estos lugares en donde se refugian los ganados los días de calor se les conoce con el nombre de *abarolekue*. Por otra parte los fresnos (*lizarrak*) son sometidos por lo general a una poda bianual y sus ramas y hojas sirven para sobrealimentar a los carneros durante la monta en la época estival. Por esta continua poda los árboles de fresno adoptan una peculiar forma con grandes nudos de donde crecen las nuevas ramas que son periódicamente podadas. Con las varas exentas de hoja, pues ya las han consumido los carneros, el pastor repara cierres haciendo entretejido (*egur-esie*).

No muy lejos de la majada suele encontrarse alguna fuente o manantial que en muchas ocasiones suele aportar en el estiaje un caudal ridículo y por tanto es necesario realizar ciertas obras de acondicionamiento como abrevadero y punto de toma para agua de boca y así evitar que la poca agua se malogre. De todas maneras, el abastecimiento diario de agua a base de acarrearla con *udeta makilla* hasta la *txabola* era un trabajo arduo y pesado. Por ello sin duda, desde hace algunos años, en los pastos comunales se ha realizado una política de abastecimiento de agua corriente hasta las mismas *txabolas* y a los abrevaderos por medio de tuberías de PVC que llevan el líquido desde el manantial o depósito hasta la misma *txabola*. En algunas zonas para paliar esta carencia colocan bajo los aleros de las cabañas varios bidones o construyen un pequeño depósito adosado que se llena a base de las aguas que recoge el canalón de la cubierta y el agua se emplea para la limpieza, preparación de guisos y lavado de los quesos.

Delante mismo de cada choza se encuentra un acopio de troncos, ramas, *egurtegi* o leñera que el pastor poco a poco va transformando por medio del hacha en leña picada para abastecer el *sutoki* o *beko sue*, fogón bajo, o la *económica*.

Sel equivale a *saroia* o majada y por definición es un terreno en zona de pastos en donde se refugia y sestea el ganado y al mismo tiempo tiene la cabaña el pastor que los cuida. Estas parcelas por lo general tienen forma circular aunque en la zona atlántica de Nafarroa existen con forma rectangular o cuadrada. Los seles, según Pedro Bernardo Villareal de Berriz, 1736,[2] pueden ser de invierno o *korta osoa* con un semidiámetro desde la piedra cenizal o *auts arria* hasta cualquier parte de la circunferencia 126 estados o brazas y el veraniego 84. «A la piedra cenizal se llama en vascuence *auts arria*, y en una y otra Lengua parece que significa Piedra de la ceniza, sin duda porque nuestros primeros Padres hacían fuego en ella cuando pacían sus Ganados, y sería de ley, o costumbre, que en cierta distancia no se arrimase otro (pastor)». En Bizkaia el sel grande llamado *korta osoa* o *korta nagusi* tenía 247 metros de radio desde el centro donde se encontraba la *austarria* y 122 metros de radio el veraniego llamado *korta txikia* o *korta erdia*.

En Gipuzkoa según dice el Fuero[3] en el título XX, Capítulo III refiriéndose a pesos y medidas dice:

« ...Ordenamos y mandamos que en toda ella (refiriéndose a la provincia) haya de tener y tenga el 'sel' común en el remate y en la circunferencia setenta y dos 'goravillas' de a siete estados o brazadas cada 'goravilla' midiéndolo con un cordel de doce 'goravillas', tirado desde el mojón como centro alrededor».

La cabaña en donde vive el pastor en los pastos de montaña recibe en Gipuzkoa, entre otros, los siguientes nombres de: *txabola, txabolie, etxola, etxabola* o *artzai txabola*.

La *txabola* tipo podríamos describirla de la siguiente manera: construcción de planta rectangular de unos 9/11 por 4/5 metros de medidas exteriores. Formada por gruesos muros de mampuestos enripiados en seco de 60 a 75 cm de espesor, en donde los huecos dejados entre los mampuestos se rellenan con barro y musgo para evitar en lo posible la entrada de aire al interior. En algunas ocasiones las paredes interiores y exteriores estan revocadas con cal, que en el interior rápidamente se ennegrece con el humo. Suelo de tierra apisonada, en algunos casos zonas entarimadas y en las modernas pavimento de hormigón o terrazo y con losas naturales de *in situ* en los ejemplares antiguos. Ausencia de ventanas y de chimenea. Viga cumbrera o del caballete, dispuesta perpendicular a la fachada principal, donde se encuentra la puerta de acceso. Cubierta de poca pendiente realizada con teja canal o árabe que descansa sobre una capa de *zoiek* o *zotalak* que hace de aislante térmico. Esta capa se apoya sobre tablilla de lata clavada a los cabrios *kapirioak* colocados en parhilera o simplemente en los modelos más arcaicos, a una serie de cabrios dispuestos también en parhilera unos junto a los otros sin espacio entre ellos. Estos cabrios, muchas veces son simplemente troncos de haya abiertos longitudinalmente con cuña y hacha que forman medias cañas realizados sin escuadría alguna.

Hasta el año 1936 las ordenanzas de los pastos comunales prohibían que las cabañas pastoriles estuviesen cubiertas con teja, pues la teja, como es sabido en Euskal Herria, es símbolo de propiedad; y las *txabola*s en muchas ocasiones se encuentran ubicadas en pastos de uso comunal, en donde el pastor es solamente usufructuario de la choza, las construcciones anejas y de los pastos.

Sobre la teja suelen tener hiladas de piedras, una banda periférica de ellas y hasta en algunos casos una capa de piedras pisa tejas para evitar que los fuertes vientos muevan la teja. La teja tradicionalmente empleada hasta hace pocos años ha sido la fabricada manualmente en tejerías de las denominadas de canal o árabes; posteriormente se han utilizado para la cubierta tejas cerámicas de fábrica y últimamente nuevos modelos de teja con solapa que resisten mejor los vientos.

El interior de la *txabola* tradicional suele estar por lo común dividido en tres estancias. La primera de ellas, junto a la única puerta de acceso, se denomina *estalpea* o *txapitola*, junto a la entrada y adosado al muro se encuentra el fogón bajo denominado *beko sue* o *sutoki* y en ésta se localizan los enseres para cocinar y los utensilios para la elaboración de los quesos y también un corto y humilde mobiliario, compuesto por una mesita pequeña, y dos o tres bancos *aulkiak*. La segunda estancia, a la que se accede por una estrecha y baja puerta, comunica con la *kaamaña*, en donde está situado el camastro del pastor. Todavía hace unos 30 años existían algunas *txabola*s que tenían el camastro construido a base de una gruesa capa de brezos. En esta lóbrega habitación se encuentra una *kutxa* o baúl en donde guarda algunos enseres y ropa. Las vituallas (chorizos, cecinas, pan, etc.) suele tenerlas colgando de algún gancho o *kakua* a buen recaudo del diente de los roedores que abundan en el entorno.

En baldas colgadas de los cabrios, sobre los muros laterales debajo de la cubierta o en huecos abiertos en los muros de esta habitación, el pastor almacena su escaso ajuar personal, las herramientas y las latas de conserva que actualmente utiliza para la preparación de su comida. En algunas ocasiones en este lugar y adosado al muro opuesto a donde se sitúa el camastro se suele ver otro fogón bajo, *beko sue* o *sutoki*, que servía para calentar la habitación en noches frías de la primavera o del otoño y también para ahumar los quesos que entonces se colocaban en largas baldas bajo la cubierta.

La tercera estancia suele ser de muy reducidas dimensiones y separada de la anterior por medio de un tabique, en otros casos por un cierre de tablazón y en los modelos antiguos por una especie de mampara hecha a base de entretejido de varas de avellano o de fresno que en algunos casos está revocado con un mortero pobre. Esta pequeña habitación que se conoce con el nombre de *gaztategi, gaztandegi* o *gaztanetxea*, suele tener un pequeño ventanillo en la fachada norte que se abre para que los quesos allí depositados se vayan secando, curando y afinando a una temperatura más o menos constante de 10° a 12°C y con muy alto grado de humedad. Los quesos en este lugar suelen estar depositados sobre unos estantes de tablas largas y estrechas, conocidos con el nombre de *gaztanolak*. En este lugar se encuentra el depósito de salmuera para salar los quesos, varios garrafones con agua y alguno con vino así como algunas ratoneras de aplastamiento *satolak* y de resorte, y también cebos envenenados para combatir a los roedores (ratones de monte, musarañas, lirones, etc.) que al menor descuido producen destrozos en los quesos.

Para conseguir un secado y afinado uniforme es preciso que el pastor periódicamente dé vuelta a los quesos colocados sobre las baldas y de esta forma éstos se enmohezcan por ambas caras.

Las *txabolas* suelen tener la fachada principal, donde se abre la puerta de acceso, orientada por lo general hacia el segundo cuadrante, es decir entre el Este y el Sur. Tanto en la fachada principal como en la que cierra el acceso de la *estalpea*, a la *kaamaña* (cuarto con el camastro), la hoja de la puerta, las jambas y el cargadero del dintel se pueden ver cruces de laurel bendito *erramu gurutzeak*, ramos de fresno *lizar adarrak* o de espino albar *elorri gurutzeak* y también medallas, cruces metálicas así como estampas de santos y flores de cardo, *eguzki loreak* o *sorgin kontra*. Estos elementos mágico-religiosos[4] los colocan los pastores, todos los años cuando suben en primavera, para proteger a la cabaña, a sus moradores y ganados contra todo tipo de maleficios y desgracias (rayos, incendios, enfermedades, mal de ojo, etc.).

Manejo del ganado en verano e invierno

Los pastores suben con sus rebaños a los pastos de montaña de la zona guipuzcoana a primeros de mayo, cuando ya ha desaparecido de las cumbres la nieve y la hierba (pasto) comienza a crecer. Pastores y ganados permanecen en las majadas de los pastos de montaña hasta que las primeras nieves del fin del otoño presagian la llegada del crudo y relativamente corto invierno y el agostamiento de los pastos.

Durante la estancia primaveral y estival el pastor se levanta muy temprano y, rápidamente, con la ayuda de alguno de sus perros, sube al monte que se encuentra sobre la *txabola* y recoge y conduce las ovejas a la *eskorta* (redil). En el redil ordeña a las ovejas una a una colocándose por la parte trasera de la oveja y sujetando entre las piernas en cuclillas un recipiente cilíndrico de chapa que llaman marmita. Actualmente la mayoría de los pastores tienen para el ordeño un cajón-jaula provisto de apertura con palanca y banco para sentarse con lo cual el proceso de ordeño se dulcifica un poco. Filtra la leche a través de un embudo de chapa que en cada ordeño introduce en su interior un ramo de *asunek* u *osiñak* –ortigas que hacen de material filtrante, durante el proceso de filtrado– y con la leche templada añade una pequeña porción de cuajo[5] natural o titulado. Mientras dura el cuajado de la leche, aproximadamente 45 a 60 minutos, el pastor procede a dar vuelta a los quesos en el *gaztategi*, sacar los quesos del día anterior de la prensa y meter éstos durante unas horas en salmuera. En este tiempo prepara un refrigerio y, luego de hacer los quesos, suelta el *artalde* (rebaño) y lo conduce a la *andada*, en donde permanece pastando durante todo el día hasta que al atardecer vuelve a subir al monte para recoger el rebaño y otra vez comenzar en el redil con el ordeño y la elaboración posterior de los quesos.

Vuelto a la cabaña, arregla ésta, compone algún cierre, cura algunas ovejas enfermas, atiende el gallinero, trabaja algo en la huerta, etc. Posteriormente prepara su comida (alubias, *porrupatatak*, cecina, huevos con tocino o chorizos, etc.) y luego de comer hace una pequeña siesta hasta eso de las cinco de la tarde en que otra vez sale a buscar el rebaño para recogerlo, bajarlo al redil y ordeñarlo, hacer el queso, cenar, escuchar las noticias en la radio de transistores y a eso de las 11:30 de la noche, acostarse.

En las majadas en donde todavía no han hecho la traída de agua hasta la misma *txabola* es necesario acarrearla desde la fuente, que en algunos casos se encuentra a considerable distancia.

Algunos pocos pastores, todavía en momentos libres de fines de verano, acostumbran a cardar e hilar una pequeña parte de la lana de sus ovejas que previamente han lavado cuidadosamente y dejado secar al aire libre sobre algunas matas o sobre el cierre de *eguresie*. Para ahuecar la lana y dejarla esponjosa emplean las *kardak* en oposición y para hilarla a continuación con la *maatilla* o *txaratilla*. Este instrumento, de forma de dos conos enfrentados por sus vértices que recuerda a un diábolo, suele ser de madera pesada y compacta tal como es la de tejo (*agiña*), roble (*aritza*), encina (*artea*) o boj (*ezpela*). Atravesando la parte más estrangulada de la pieza lleva un pequeño *kakua* (gancho) en donde se prenden algunos pelos del copo de lana sujeto por la mano izquierda se cuelga de éstos la *txaratilla* o torcedor y se le imprime a éste un rápido movimiento de giro que hace que las fibras se vayan retorciendo a la vez que se va formando la *artillea* (hilo de lana). Cuando la *txaratilla* está cercana al suelo se recoge la lana hecha enrollándola en el mismo instrumento. De igual forma se continúa hasta conseguir el ovillo, con varios ovillos el pastor luego teje los calcetines de *artillea* por medio de cuatro agujas, que antes eran hechas por el mismo pastor con madera de brezo, y pasándose el hilo por encima del cuello. Aparte de calcetines, los pastores suelen tejer chaquetas *elastikoak* y *traiak*, cordones de lana negra para atarse las *abarkak*, antes de cuero crudo de vacuno, hoy de goma. Los ovillos de *artillea*, las agujas *orratzak* y la lana cardada el pastor suele tenerlos guardados en una bolsa rectangular, hecha con cuero de cordero sin lana y sin curtir que se conoce con el nombre de *albazorroa*.

En otras ocasiones, los pastores preparan cercas de madera con varas entretejidas. Hacen cuerda con la crin de caballo torcida y trenzada en varios cabos. A esta cuerda la llaman *zurde-sokea* y es muy apreciada por su resistencia y durabilidad, pues la utilizan para sujetar las cargas que llevan los burros y las caballerías en los cestos *asto / behorotarrak* o en las *artolak* o *kakolak* sobre la albarda. Todavía en zonas en donde la *saroia* tiene un difícil acceso el pastor utiliza yeguas, burros y mulos para subir a la *txabola* los utensilios *trastoak* y los alimentos así como la ropa. El mismo medio emplea para bajar al carnicero los corderos y a la feria los quesos que, ya curados, pone a la venta.

También algunos, durante las horas libres del estío se dedican a hacer collares con madera para colgar de ellos los cencerros que llevan al cuello algunos animales que pastan libres en el monte. Suelen estar hechos por lo general con madera de fresno o de castaño y últimamente también se ven algunos hechos con otras materias tales como cuero, lona engomada y plástico. Según para qué animal sean, son de diferente tamaño, anchura y sistema de cierre. La tipología y la decoración externa, ya sea geométrica, plana, grabada o pirograbada, depende de la mano del pastor artesano. Los que utilizan las ovejas se denominan *ardi uztaiak*, los de las vacas *behi uztaiak* y los de las yeguas *behor uztaiak*. En otras ocasiones es el mismo pastor el que adquiere en la feria, mercado, tienda especializada o a un artesano *uztaigille* los collares que precisa para la temporada pues algunos se han roto y, como consecuencia, han perdido éstos el cencerro y otros precisan su reposición por estar muy desgastados o producirles rozaduras en el cuello.

Por otra parte, también hacen badajos *mingañak*, literalmente equivale a lengua, para que los cencerros *hablen*, suenen y éstos los preparan con pitones de cuerno de vacuno. De la misma forma que hacen varios palos de madera de avellano blanco *urritza* para su uso cotidiano y alguno con una pequeña correa de cuero sujeta en uno de los extremos que lo emplean durante la pequeña trashumancia, tanto a la subida como a la bajada del monte.

Durante el invierno, con los rebaños en los pastos bajos de la zona de la costa, *Beterri* o *Goierri*, el trabajo del pastor es penosísimo. Ya lo dice un refrán castellano: «Desde mayo a San Miguel, pastor de ovejas quiero ser; desde San Miguel a mayo, que las guarde el amo», que, aunque se refiere a pastores asalariados como es norma general allí, nos sirve para explicar lo difícil y dura que es la vida de los pastores en invierno frente a lo amable que es la estación veraniega (han terminado de hacer quesos y solo tienen que atender a las ovejas). Muchos de nuestros pastores, en general, suelen estar muy mal alojados en caseríos y bordas deshabitados. Por otra parte estas construcciones suelen estar muy mal equipadas; a veces el establo es mucho menor que lo que se precisa normalmente para alojar el número de ovejas que tiene en este momento cada pastor. Se produce hacinamiento, no pueden sacar bien el estiercol y por ello se va acumulando capa tras capa de la paja que periódicamente va añadiendo como cama en la cuadra Esto reduce el volumen del local en donde, además, se produce por fermentación gran cantidad de amoníaco. Todo ello va en un serio detrimento de la calidad de vida de las personas y de los animales que en ese medio están en un ambiente insalobre y por tanto se encuentran en una magnífica situación para desarrollar todo tipo de elementos patógenos que pueden infectar el rebaño. Esta serie de factores puede producir, entre otras cosas, caída de lana, abortos, pedero, fiebres, etc., que hacen que baje el rendimiento lácteo y la productividad del rebaño.

A todo esto cabe añadir los elevados costes de alquiler del caserío y de las praderas que alquila para el consumo de su rebaño. Por otra parte la temporada de inicio del invierno es el momento de parición de las ovejas y en muchos casos es preciso ayudarles durante todo el día cuando paren y tener un continuo seguimiento de los corderos, *arkumeak - axuriak*.

Durante el día, vigilar el estado de las praderas de pasto y controlar que las ovejas no se introduzcan a comer hierba en otras fincas no alquiladas. En este sentido el pastor, aparte de cuidar el rebaño y si la finca no estaba acotada o con paredes, suele recurrir a un ingenioso y práctico método de control de las ovejas que quieren entrar en otra parcela. El sistema consiste en lo siguiente: en un recipiente de boca ancha pone varios excrementos del perro que cuida y vigila el rebaño, le añade una buena cantidad de agua y lo revuelve con un palo hasta conseguir una papilla líquida, a continuación lleva el balde a la parcela y en todo el perímetro del hierbal alquilado, por medio de una escobilla o de una simple rama de algún árbol, asperja introduciendo la escobilla constantemente en el líquido a todo lo largo del límite. El método, fácil de realizar, no muy ortodoxo y poco higiénico, sin embargo es *mano de santo*, pues ninguna oveja se atreve a trasponer la línea invisible. Desde hace muchos años para sustituir este método tan rudimentario se emplean líneas de cable con hilo metálico al descubierto que va sujeto en estacas con aisladores. La línea está electrificada por medio de una batería que alimenta a un transformador que produce energía de muy poca intensidad y bastante voltaje. Cuando algún animal, tanto granado como menudo que pasta en el lugar, se atreve a toca el cable recibe una sacudida que rápidamente le hace desistir del intento.

Una vez que se han quitado los corderos que no se dejan para renuevo del rebaño, el pastor comienza a ordeñar dos veces por día a las ovejas que se han quedado sin cría. Esta operación de selección la realiza a lo largo de los meses de diciembre y enero y siempre que el cordero haya alcanzado al menos los 11 ó 12 kilos en vivo. Muchos pastores a la hora de vender los corderos apalabran de antemano con los carniceros o en el matadero para quedarse con los cuajos *gatzagie, gatzarie,* ya que después de secos y tras un tratamiento le servirán para la elaboración de los quesos de la temporada. Esto de quedarse con el cuajar *gatzagie* también lo realizan los pastores y baserritarras que tienen algunas ovejas en su caserío y que sacrifican a los corderos en su misma casa.

El ordeño se realiza dos veces por día, una a la mañana y la otra al finalizar la tarde. Al comienzo del período de ordeño las ovejas *latxas* producen más de litro y medio en las dos ordeñadas como media por cabeza. A medida que avanzan los meses y hasta la fecha de los primeros días de mayo en que el pastor se pone en marcha con el rebaño para subir a los pastos de montaña para pasar allí la temporada estival, las ovejas poco a poco van reduciendo la producción de leche pero, entonces, ésta es más rica en grasa.

Con esta leche algunos pastores hacen quesos *gazta, gaztaia* y cuajadas *mamia, mamie* o *gatzatue,* pero una gran mayoría vende la leche que ordeña, al no tener personas que les ayuden ni instalaciones adecuadas para hacer queso, a centrales queseras de la zona.

Cencerros, marcas y señales de propiedad

Por lo menos desde la romanización se conocen en Euskal Herria los cencerros y campanillas de hierro y bronce *–tintinus–* que eran empleados en ganadería y como complementos de indumentaria tanto con fines funcionales como mágico-profilácticos.

La palabra cencerro de formación onomatopéyica quizá tomada del vasco *zinzerri, zinzarri,* según J. Corominas en su *Diccionario Crítico Etimológico de la Lengua Castellana*; Madrid, 1954, dice que la 1ª documentación se debe a J. Rúiz, 1188. El cencerro, en general, en euskera recibe diversos nombres aparte de los anteriormente reseñados: *arana, garea, farea* y *joale* o *yoale.*

El cencerro es una campanilla de chapa de hierro con baño de latón, bronce o cobre, que posee un asa exterior para colgarlo del cuello de algunas ovejas, vacas, caballos y cabras. En la parte interior tiene una pequeña anilla de la que cuelga, por medio de una correa de cuero atada en el interior, un badajo *mingaña* que, al golpear sobre las paredes interiores, produce un sonido que es audible a gran distancia. Cencerros o esquilas que tienen muy diversa forma y tamaño. Los cencerros reciben diferente nombre según sea su forma, tamaño y zona de fabricación del artesano. En Gipuzkoa hasta antes de 1936 había cencerreros y el más afamado era el del pueblo de Alegia por ello sin duda a los de este pueblo les llaman *txintxarriak.* En Euskal Herria a lo largo de este siglo han existido gran número de artesanos cencerreros (*joaregilleak)* en lugares tales como: Zubieta, Ituren, Alegi, Garzain, Anzin, Sabando, Donazarre, Iturgoien, Nazar y en el pueblo bearnés de Nay. En la actualidad sólo quedan cencerreros en Iturgoien, Epifanio Lazkano; y en Lekunberri la familia Apezetxea, que hace 13 años se trasladó de Goizueta con el taller y la herrería para hacer todo tipo de cencerros a los que daba un baño electrolítico de cobre, ahora también hace algunas series de cencerros con baño tradicional en horno.

Fuera de Vasconia en el territorio vecino de Bearn, en la localidad de Nay, próxima a Pau, se encuentra el taller de M. Maurice Daban, que representa la tercera generación de cencerreros y que está especializado en la fabricación de grandes cencerros panzudos que llaman *truque* y que son los que en euskera se denominan *dunbak* o *pulunpak* como los que utilizan los *joaldunak* en los carnavales de Ituren y Zubieta (Nafarroa).

Las diferentes tipologías de cencerros que se utilizan en Gipuzkoa responden esencialmente a tres formas y dentro de cada una de ellas existen varios tamaños que el artesano clasifica con números. Estos tipos son:

Zinzarria o *txintxarria*: esquila de forma ligeramente acampanada o cilíndrica con boca redonda que suele colocarse a los corderos o *arkumeak* y a los primales o *bildotsak.*

Dunba: cencerro de cuerpo ventrudo o apucherado y boca redonda y estrecha, que colocan a las buenas ovejas y a las que son guías.

Kalaska: cencerro de boca rectangular, que utilizan los de tamaño pequeño para las ovejas y los grandes para las vacas y yeguas que pastan en el monte.

Los pastores compran los cencerros en ferias y mercados para reponer los estropeados o los extraviados. Debido al elevado precio que tienen es un bien muy preciado que en muchas ocasiones se transmite a varias generaciones. Al comprar o encargar al artesano una partida de cencerros el pastor tiene buen cuidado de que todos tengan el mismo timbre, pues de esa forma al escucharlos podrá reconocer rápidamente sus ovejas de las que no lo son cuando los rebaños se encuentran entre la niebla. Es tan importante este hecho que según cuenta el famoso antropólogo bergarés T. de Aranzadi, a principios de siglo se produjo un litigio entre dos pastores vizcaínos sobre un robo de una oveja y el juez que llevó el caso tuvo que dilucidar de quién era la oveja, llamando para ello a varios pastores de la zona para que al escuchar el sonido del cencerro que portaba la oveja en cuestión, dijeran a qué pastor pertenecía ésta.

Aparte de estos aspectos puramente funcionales también el empleo de buenos cencerros y collares es motivo de orgullo por parte del pastor que se esmera a la hora en que pasa con el rebaño por zonas de los cascos urbanos de los pueblos o a la hora en que por primavera asciende a la majada por el *ardibide* o *artaldebide.*

Por otra parte no es raro que lleve una partida de ellos para que el herrero o el *txintxargile* arregle y refuerce los bordes de las bocas de éstos por haberse oxidado o roto por desgaste, al mismo tiempo que afina el sonido de toda la partida de cencerros.

Para que las ovejas se puedan rápidamente reconocer cuando se han extraviado y para que la operación de separación de rebaños sea más rápida, los pastores suelen emplear algunas técnicas de reconocimiento de su rebaño y entre éstas se encuentran las siguientes: las marcas y las señales en las orejas.

La marca suele ser de dos tipos. Uno de ellos, el que se emplea en Gipuzkoa, consiste en aplicar un trazo de pintura de color, por medio de un simple palo trabajado en forma de rústica espátula untado en pintura o simplemente marcar con una barra de pintar siempre en la misma parte del cuerpo (cuarto trasero, en la cruz, etc.). Esta operación se suele realizar a los pocos días de esquilar el ganado al final de la primavera, a los corderos al poco tiempo de nacer y a las ovejas jóvenes que todavía no se ordeñan. También suelen hacer marcas a las ovejas que se han retrasado en el parto y todavía en el monte amamantan a sus corderos así como a las ovejas que están recibiendo algún tratamiento veterinario, para poderlas distinguir rápidamente. En este sentido algunos pastores anudan un trozo de trapo de color en el lomo o sobre la cruz y otros simplemente manchan esa parte con barro o excremento.

Antes, los pastores de aquí y también del Pirineo utilizaban para este menester ocres y hematites de hierro pulverizados y mezclados con grasa; con esta pasta marcaban el ganado. Parece ser que esta práctica viene realizándose al menos desde la Edad del Bronce pues en varios dólmenes que se excavaron aparecieron trozos de hematites roja con marcas de desgaste por haber sido utilizados.

Esta técnica del trazo o punto hecho con pinturas de diferentes colores se emplea sobre todo en el área que ocupan las ovejas de raza *latxa*. Sin embargo en el ámbito de las ovejas de raza rasa, en Euskal Herria, en la parte sur de Araba y en toda Nafarroa, salvo la zona noroccidental, con rebaños en general mucho mayores, las marcas suelen estar hechas a base de aplicar sobre el cuerpo del ganado, recién esquilado, una marca de hierro que ha sido introducida en pez y brea caliente. Estas marcas suelen ser por lo general la letra inicial del apellido o de la casa del propietario o un signo que viene utilizando la casa desde tiempo antiguo y que es reconocido por los pastores del contorno.

Tanto el sistema de la pintura como el de la brea no es recomendable pues a la hora del esquileo es preciso retirar ese trozo de mechón pintado y esto produce mermas en el peso total de lana. Ahora este extremo no tiene mucha importancia económica, pero hace unos 25 años el kilo de lana esquilada se pagaba a 116 PTA de las de entonces.

La señal es otra forma de identificación del ganado; ésta consiste en realizar uno o varios cortes que se practican con tijera, navaja o con hierro rusiente en las orejas de las ovejas, vacas, cabras, caballos y yeguas. Estas señales se hacen, preferiblemente, a los pocos meses de nacer el animal, procurando que sean meses fríos, cuando todavía no proliferan las moscas, pues como se trata de hacer con la navaja o tijera un corte corre peligro de infectarse la oreja o que las moscas les molesten y dejen sus huevos.

Suelen tener diferentes formas, pero las más comunes son las denominadas *laiategi* o *laiatille, akatsa, punta motza, burni zulo* o *zulo, pikandea* o *garranga, urkilloa* o *mirabuztan.*

Laiatille o *laiategi* consiste en dar un corte a la oreja en forma de ángulo recto.

Akatsa, es un pequeño corte en forma de uve en el borde de la oreja.

Punta motza, es la señal que tiene cortada la extremidad de la oreja.

Burnizulo o *zulo*, la que tiene un orificio en el centro de la oreja. Se lo practican o con sacabocados o, lo que también es común, con un hierro al rojo, atravesando la oreja.

Pikandea o *garranga*. Se trata de un pequeño corte dado en el borde de la oreja.

Urkilloa o *mirabuztan* es una señal que consiste en una uve hecha en la extremidad de la oreja, con la ayuda de una tijera o navaja, ya que la señal se parece a la cola del milano y de ahí el conocerla con el nombre de la cola de esta rapaz.

Con estos cortes, como es natural, se pueden hacer múltiples combinaciones entre la oreja derecha y la izquierda, y en algunos casos estos cortes tienen doble posición en cada oreja ya que se pueden hacer en la parte delantera o en la parte posterior de la oreja. De esta manera cada pastor utiliza una señal que tradicionalmente le distingue de los demás. Así, a modo de ejemplo, diremos que mientras un pastor pone a su ganado una *akatsa* en la oreja izquierda en su parte delantera y *burni zuloa* en la derecha, otro le hace *laiategi* en la oreja derecha en su parte trasera y *urkilloa* en la oreja izquierda. Todo esto va muy bien mientras el pastor no tenga dentro de su rebaño algunas cabezas compradas a otros pastores que, como suele ser costumbre, tienen la señal en la oreja de su originario propietario. En la actualidad, además, cada oveja tiene el crótalo (plástico o metálico) del control sanitario que en algunas ocasiones al engancharse en zarzas o espinos hacen que la oreja se rasgue pudiendo inducir a pensar que se trata de la señal llamada *pitzatue*. Desde hace algún tiempo y entre pastores jóvenes se ve la tendencia a abandonar la tradicional práctica de la señal; argumentan que ya existe la numeración del control en el crótalo.

Últimamente se está viendo en la montaña ganados mayores como vacas, yeguas, que, aparte de tener el crótalo de identificación sanitaria colocado en la oreja, llevan un número que indica su numeración en el registro. Esta numeración la hacen a base de aplicar una marca con numeradora automática en un recipiente que contiene nitrógeno líquido. Esta operación se aplica en las nalgas, cuarto trasero, etc., del animal.

Sistemas de caza tradicional

En este momento se puede decir que han desaparecido de Gipuzkoa y casi de toda Euskal Herria las grandes alimañas que otrora poblaban nuestros montes y bosques y que, durante siglos, han tenido al hombre como su implacable e impenitente exterminador. Sin embargo, si repasamos las Ordenanzas de Leintz Gatzaga (Salinas de Léniz) de 1548, dice lo siguiente:

«Otrosi porque esta Villa está en sierra e cercada de montes do hay muchos LOBOS, OSOS y RAPOSOS que matan e destruyen los ganados y las aves de los vecinos de esta Villa nuestros antepasados en su tiempo y nosotros en el nuestro habemos tenido ordenanza e uso e costumbre guardada de dar premio a cualquier vecino de esta Villa que matare oso, en la jurisdiccion de la dicha Villa de premio e galardón de los propios de mil maravedises e al que matare lobo en la dicha jurisdicción quinientos mrs. ...».

Aunque en el Fuero de Gipuzkoa no aparecen referencias explícitas al tema de la caza de osos, lobos y zorros tanto en el Fuero de Bizkaia como en el Libro de Leyes de las Cortes de Nafarroa sí y en varias ocasiones. En el Fuero de Bizkaia Título 31 habla de cómo y dónde y en qué manera han de correr monte... «por cuanto los vizcaínos usan correr monte de puercos monteses, y osos, y otros venados de montería en sus montes, y términos, do han usado y acostumbrado de mon tear...». La Ley 60 de las Cortes de Nafarroa de 1743 y 1744 habla de los loberos y dice: «Que algunos forasteros de este Reyno y naturales de los confinantes y especialmente del de Aragón, se introducen en este y llevando un lobo muerto o la piel de él, andan por todos los Lugares pidiendo alguna recompensa por el beneficio que suponen, resulta a los dueños de ganados mayores y menores, en la extinción de estos animales; y los pueblos les dan alguna cantidad, que cargan en la cuenta de los propios...» más adelante dice: «los (lobos) que se traen, como se ha expresado, son muertos fuera de este Reyno, sino porque con un solo lobo o con su piel, andan muchos meses, y aun años, vagando por los Lugares... suplicamos a V. Magestad nos conceda por Ley que en este Reyno no pueda andar ningun extrangero con lobos muertos, ni pellejos suyos pidiendo...».

En la Ley 33, libro V, título VII de la Novísima Recopilación de Navarra - Premio por muerte de lobo «...capitulo 10 Item, que por cada lobo grande que se matáre se pague seis ducados y por cada cría de ellos dos ducados...».

En el Acuerdo de 20 de enero 1961 (B.O. 6 febrero, número 16) - Reglamento para premiar la caza de animales dañinos: «Los animales dañinos a los efectos de este reglamento son los siguientes: lobo, zorro, nutria, jineta, gato montés, turón, comadreja, marta, fuina, tejón, aguila real, aguila perdiguera, milano, halcón, azor, gavilán, ave de San Martín, cuervo, grajo, urraca, culebra y lagarto. Las primas de caza o captura de algunos de estos animales son las siguientes: Loba, 2.000 Ptas. Lobo, 1.500. Nutria, 300. Zorra, 200. Zorro, 150. Gato Montés, 75... Lagarto, 4 pesetas». En muchos ayuntamientos de Gipuzkoa existen en las cuentas asientos parecidos de pagos por caza y presentación de la alimaña o de alguna parte de ella (patas, cabeza, etc.).

En la actualidad en Gipuzkoa puede decirse que se ha extinguido el lobo y de vez en cuando suele aparecer alguna noticia de ataque de éstos o de perros asilvestrados que causan graves daños a la cabaña ovina. Otra alimaña que causa grandes daños a los pastores y que abunda mucho es el zorro o raposo (*Vulpes vulpes*), en euskera *axari* o *azari*, que mata gran cantidad de corderos y hasta ovejas, diezma los gallineros y por ello es perseguido por el pastor. Para eliminar esta plaga, los pastores acostumbraban a contratar las habilidades de expertos alimañeros o raposeros (*axariarrapatzalleak*) que unas veces con una gran batería de cepos de resorte y otras con cebos envenenados con el veneno de la nux vomica, la estricnina, conseguían una limpieza de zorros y otros animales. El trabajo de estos alimañeros lo realizaban en invierno cuando no había ganado en el monte y previa una nota y bando autorizando la caza por el Gobierno Civil.

Los raposeros por realizar este trabajo en la sierra cobraban a cada pastor una cantidad anual.

En los montes de Gipuzkoa eran famosos los *azariarrapatzalleak* Borda de Azkarate en el Valle de Araitz y Sukia en Zaldibia.

En este momento y desde hace algunos años en la CAV y en otros territorios, está prohibido el uso de este veneno, así como el empleo de cepos, lazos, cajas y otros artilugios que, sin embargo, aunque de forma restrictiva ya que está penado, se siguen utilizando.

El empleo de cebos envenenados con estricnina es muy peligroso no sólo por los estragos que origina a todos los animales de la cadena trófica sino también por el grave peligro que representa para las personas que los manipulan, y para los animales domésticos que puedan acceder al cebo, ya que este veneno posee una gran actividad letal a ínfimas dosis.

Todavía en algunos lugares se vienen utilizando sistemas tradicionales para la caza de *basurdeak* (jabalíes), *azariak* (zorros), *muxarrak* (lirones). Para los jabalíes y zorros emplean lazos de cable colocados en lugares de paso de los animales. Pero también para los zorros, *azkonarrak* (tejones), *erbiñurea* (comadreja), aparte de los cepos de resorte, los pastores colocan la *azari kutxa* (cajón de madera para atrapar a la alimaña en vivo), en el *azari zulo* o madriguera y ahumando con musgos la misma para obligarle a salir y capturarlo en el cajón.

Otros visitantes no muy gratos en la majada y sobre todo en la *txabola* son los ratones de campo, topos, lirones y comadrejas que originan graves daños en los quesos que se están curando en el *gaztategi* o quesera. Para eliminarlos el pastor suele utilizar cepos de aplastamiento, tales como las *satolak* o *arrapaloak* así como también raticidas y ratoneras de fabricación moderna.

Para cazar aves han utilizado desde pequeños cepos de muelle hasta ingeniosos sistemas para atrapar pajaritos a base de colocar sobre unos pocos granos de cereal, losas, tapas o cedazos que se mantienen en equilibrio inestable gracias a un palillo que lo sujeta. Este palillo está atado a un cordel del que se tira cuando las aves están comiendo en el interior.

Otro sistema más autónomo consiste en un artilugio sujeto levemente por medio de palillos que llevan unas pequeñas muescas que sujetan el ingenio mientras no se mueva el palillo.

Artesanía y útiles relacionados con el pastoreo

Entre los útiles que utiliza el pastor para poder desarrollar su actividad se pueden distinguir dos grupos. Uno de ellos lo forman los objetos que el mismo pastor construye y otro el que tiene que adquirir a los artesanos especializados o en las tiendas del ramo.

Forman parte del primer grupo, o sea, los fabricados por el mismo pastor, los siguientes:

La *makilla*, palo recto de entre 1,35 a 1,46 m de longitud, que suele ser de avellano *urritz makilla*, a poder ser de corteza blanca, que porta el pastor en todos sus desplazamientos. Le sirve para ayudarse con él durante las caminatas diarias en busca del rebaño, tanto subiendo como bajando; también lo emplea para descansar sobre él.

El *latigoa*, provisto de una larga correa de cuero a modo de látigo lo emplea sobre todo cuando se desplaza en primavera en la subida, o en la bajada con el rebaño durante la otoñada para poder conducir mejor el rebaño por tramos peligrosos de caminos y de carretera.

La *udeta-makilla* o *esne-makilla*: se trata de un grueso palo de aproximadamente 1 metro de longitud por 4 centímetros de diámetro que suele ser de avellano, castaño, haya y que tiene una muesca profunda en cada extremo. Este palo lo utilizan para acarrear sobre el hombro, desde la fuente hasta la cabaña, el agua en sendas marmitas que cuelgan por sus asas alojadas en las muescas antes citadas. Algunos pastores que ordeñan lejos de la majada también han utilizado este sistema para bajar la leche hasta la *txabola*. Desde que muchos pastores tienen agua en la misma cabaña este curioso método ha quedado relegado.

Uztaiak o collares de madera para colgar el cencerro del cuello del ganado. Los suelen hacer con madera generalmente de fresno aunque también los hacen con madera de castaño y hasta de avellano. El sistema de atado por lo general es a base de dos o cuatro muescas por cada extremidad. Curvado el fleje se sujetan ambos extremos por medio de unas vueltas con alambre. Una vez bien secos se pueden soltar y meter el cencerro, colocarlo en el cuello del animal y volver a fijar ambos extremos con alambre bien atado y rematado, para evitar que el ganado se hiera o se quede enganchado en las zarzas. Algunos pastores acostumbran a decorar la parte exterior del collar por medio de sencillos dibujos geométricos, pirograbando con un hierro rusiente.

El pastor hace los collares que necesita para su rebaño durante los días que tiene menos trabajo, pero hay también pastores que los hacen para venderlos en la feria tanto de tamaño para ovejas como grandes para vacas y yeguas. Estos *behi uztaiak* o *behor uztaiak* cada vez son más raros de ver pues se han sustituido por otras materias como el plástico, la correa de cuero o la lona, que son en general más duraderas.

Los badajos, para que suenen los cencerros, suelen hacerlos con pitón de cuerno de vacuno, y ahora, modernamente, los compran y son de barra calibrada de materia plástica.

Los elementos que forman el mobiliario de una *txabola* son a menudo construidos por el propio pastor con la escasa herramienta que tiene en el monte. Estos útiles suelen consistir en *trontza* (tronza), *aizkora* (hacha), *burni ziriya* (cuña), *esku zerra* (sierra de mano), *mallua* (martillo), *taratuloa* (barreno), *trintxa* (formón), *opatxurra* o *zellua* (azuela de mango largo), *birabirgiñe* (barrena), tenaza, *iltzeak* (clavos), etc.

Con este herramental hace rústicos bancos de tres o cuatro patas, mesas, sillas con asiento entretejido con varas de avellano o castaño. Ahueca troncos de haya con ayuda del hacha y de la azuela para convertirlos en *txerri askak* (abrevaderos) de diferentes tamaños. Éstos se utilizan para dar el suero y el pienso con el que engordan durante la época de elaboración de quesos, una pequeña piara de cerdos. También con idéntica técnica hace recipientes para poner la salmuera con la que salan los quesos. En algunas ocasiones hemos visto canalones hechos a base de ahuecar con hacha con sección en uve, largas ramas de haya que posteriormente se colocan en el borde del alero de la cabaña para recoger ellos el agua proveniente del tejado y conducirla a un depósito.

El cepo de aplastamiento para atrapar roedores llamado *satola* también lo suele construir el pastor de igual forma que el cuchillo de madera *epaki* o *txurka labana* que utilizaba el pastor para cortar la masa de queso fresco llamada *maton* o *matoia*.

Otros elementos de cultura material que elabora el pastor son la *antzaia* que consiste en una anilla o vilorta de madera que luego se anuda al extremo de una soga y con ella, al deslizar bien por el ojal de palo, pueden afianzar y sujetar correctamente las cargas sobre las caballerías. El *kako* o gancho natural que se puede ver en la casi totalidad de las cabañas, utilizándose como colgador de ropa y vituallas. Por lo general lo preparan con una horquilla de haya. Aparte se encuentran los útiles para hilar y torcer la lana y la crin de caballo que ya tratamos en un anterior apartado.

Existen otros elementos que fabrica para la elaboración del queso entre ellos: la *txurka*, que es una tabla larga de madera de haya que tiene una serie de ranuras caladas y orificios. Este útil se coloca atravesado sobre la boca de la *abatsa* o *apaz* (recipiente antes de madera y ahora de chapa de hierro o de aluminio).
Sobre esta tabla ranurada se colocan los moldes o *zumitzek* para hacer el queso.

La *malatxa* es un rústico batidor hecho con una guía de acebo (*gorostia*) descortezado al que se le doblan hacia atrás las cuatro o cinco ramas y que luego todas ellas son sujetadas por un cordel bien atado sobre la misma guía que hace de mango.

El *iristontzia* o *iragazkie* que es un elemental embudo que hacían antes los pastores con la corteza del abedul doblado en forma de cucurucho y sujeto a un palo largo que sirve para asirlo mientras se filtra la leche a través de un ramo de ortigas que se introduce en su interior. Posteriormente han utilizado embudos hechos vaciando un tronco de madera y más modernamente embudos de chapa estañada y ahora pasadores de tela metálica de acero inoxidable al que se le coloca una gasa de tela como material filtrante, que retiene las impurezas de materia sólida en suspensión.

En cuanto a objetos que se han empleado en el mundo pastoril y que fueron construidos por artesanos guipuzcoanos hasta el primer tercio de este siglo se cuenta con el oficio de *kaikugille*. En Ataun hubo un tal Dorronsoro que abasteció de recipientes de madera para ordeño y elaboración de quesos a gran parte de los pastores que habitaban en los albergues veraniegos de las Sierras de Aralar, Altzania, Aizkorri y Zaraia. En la actualidad es en la cuenca del Baztán y del Bidasoa, en Nafarroa, donde más ha perdurado la existencia de estos singulares artesanos de cuencos de madera así como de pastores que los han utilizado.

El *kaiku* es un recipiente de madera de una sola pieza que se utilizaba hasta hace poco tiempo por pastores y ganaderos para ordeñar principalmente ovejas y vacas así como para la fabricación de cuajada, que recibe entre otros los nombres de *gatzatue, mamia* o *gaztanbera*. Las características más sobresalientes de este singular recipiente, único en Eurasia en cuanto a forma se refiere, son las siguientes: cuenco monoxilo, realizado a base de ahuecar un tronco, generalmente de abedul, aunque también se han realizado con maderas de aliso, tilo y nogal.

Tiene forma ligeramente tronco-cónica y eje inclinado. Posee en la parte superior un asa o agarradero que, por lo común, se encuentra sobreelevado con respecto a la boca y avanza en dirección radial horizontalmente hacia el interior del recipiente. De esta manera, asido por el extremo prominente, se consigue fácilmente mantener con una sola mano el cuenco lleno con unos 6 ó 7 litros de leche.

Esta vasija, aunque de madera, es práctica pues si se tiene cuidado de mantenerla sin cambios bruscos de humedad, se conserva perfectamente sin rajaduras; de lo contrario, si pasa de un medio húmedo a uno seco o a la exposición prolongada a una fuente de calor, bruscamente, el *kaiku* se raja y entonces es preciso parchearlo o coserlo con grapas. El *kaiku* es un cuenco que, al ser de madera, resiste mejor que otros materiales (recipientes de cerámica) los pequeños golpes que puede recibir tanto durante su empleo en las labores cotidianas de ordeño y elaboración de cuajada, como en los traslados periódicos del ajuar, etc.

En el *kaiku*, aparte de ordeñar a las ovejas, se solía cocer o calentar la leche y también el suero mediante el empleo de piedras rusientes que se introducían en el líquido por medio de pinzas de hierro o de *matxardak* (pinzas de madera similares a las que se utilizan para la recolección de la castaña en el monte cuando está todavía envuelta con la espinosa *morkotza*), haciendo que el líquido hirviera al instante.

Las piedras utilizadas para el calentamiento indirecto de la leche solían ser cantos rodados de naturaleza ofítica o de areniscas duras, capaces de resistir los continuos cambios bruscos de temperatura sin reventar ni deleznarse, por ello no era aconsejable el uso de piedras calizas para estos trabajos pues podían reventar durante el calentamiento entre las brasas del *sutoki* (fogón bajo). Estas piedras empleadas para este proceso, posiblemente de origen prehistórico, reciben entre otros los nombres siguientes: *kaikuarri, txukunarri, esnearri, kararri* y *burdinarri*.

Aparte de este singular recipiente se han empleado también otros como la *abatsa* o *apatza*, el *apazko txikie*, la *oporra*, los *txalie*...

La *abatsa* o *apatza* es un recipiente de madera obtenido de un solo tronco de abedul, que ha sido excavado su interior con herramientas de mano apropiadas y tiene una capacidad que puede alcanzar los 25 ó 30 litros. Tiene forma tronco-cónica y en la parte exterior posee dos asas dispuestas diametralmente opuestas. Se utilizaba para la elaboración de los quesos.

El *apazko txikie* y la *oporra* son tazones de madera monoxilos con una sola asa en la parte exterior; el primero es de mayor tamaño y en él algunos pastores antes tomaban las sopas de *talo* con leche, teniendo una capacidad aproximada de medio litro. La *oporra* es un cuenco similar al anterior pero de menor tamaño. Actualmente en algún caso he visto utilizarlos para conservar húmedos los trapos que utilizan para envolver los quesos durante el proceso de elaboración de los mismos.

Por fin los *txalie* eran platos de madera parecidos a las escudillas. En ellos, en otro tiempo, comían los pastores y también los utilizaban los *ikazkiñak* (carboneros).

Otros elementos del ajuar que tradicionalmente tenía el pastor en la majada eran, entre otros: la *talola*, tabla de forma circular con un asidero en donde se preparaban las tortas de *talo* y las cucharas de palo que por lo general se compraban en la feria. En Gipuzkoa los cubiertos de uso cotidiano eran muy a menudo de hierro estañado, aluminio y, hoy, de acero inoxidable, quedando relegado el uso de la madera para los cubiertos de cocinar. El cuchillo de uso común ha sido y es la navaja que el pastor utiliza para casi todo. Las más apreciadas suelen ser las de acero de la casa francesa Opinel que lleva un sencillo seguro giratorio para fijar la hoja abierta.

Indumentaria, costumbres y tradiciones

El indumento empleado por los pastores de Gipuzkoa no difiere grandemente del utilizado por los *baserritarras*, al menos en este siglo, si exceptuamos alguna prenda como es el caso del *kapusai* o *txartesa*.

Durante el primer tercio de este siglo los pastores de las sierras de Aralar, Aizkorri, Altzania, etc., empleaban para protegerse del frío, nieve y lluvia una capa hecha de paño de lana de color marrón obscuro, con amplias hombreras, cerrada por delante y con capucha. Por otra parte utilizaban los *artillezko galtzerdiak* (calcetines de lana) que ellos mismos tejían, lo mismo los cordones (*abarka tallak*), algunos envolvían sus pies en piezas de tejido de lana que se llaman *mantarrak*. Calzaban *abarkak* de cuero crudo, utilizaban pantalones de lana o de azul Bergara, sujetos por una larga banda de tejido enrollada varias vueltas alrededor de la cintura. Esta faja, por lo general de color negro, tiene flecos en los remates de ambos extremos y se conoce con el nombre de *gerriko*. La *alkandora* o camisa, el *elastiko* o jersey de lana y la *txapela* o boina negra de generosa ala, era y es el tocado tradicional del pastor. Para llevar al monte algunas vituallas y algunos ajuares de uso personal, el pastor solía llevar colgando un zurrón o bolso de cuero de oveja que llaman *albazorroa*.

Toda esta indumentaria hoy ha cambiado algo pues las abarcas son de goma y muchos usan botas, no se emplea *kapusai* que ha sido sustituido por trajes, chaquetas para agua o anorak, pantalones vaqueros o buzo, camisa de franela de cuadros, grandes paraguas y boina.

La vida de los pastores en los pastos, cuando ha finalizado la época de elaborar los quesos, transcurre monótona y solo es interrumpida con la bajada a la feria semanal o los fines de semana que ascienden parientes, amigos y montañeros a las majadas, con lo cual en esos momentos el pastor realiza una vida si cabe más social, intercambiando noticias, escuchando la radio, viendo la televisión, jugando algunas partidas de cartas al mus, etc.

Por el contrario, antaño, cuando los pastores permanecían fijos en la *txabola* sin bajar al pueblo durante muchos días, entre algunas costumbres lúdicas que practicaban en sus horas de asueto era la de jugar a la pelota en unos campos rectangulares que se conocen con el nombre de *pelotalekue*. Estos campos de juego todavía se pueden localizar en la sierra de Aralar, junto a las majadas de Mendibil y Esnaurreta en la campa de Pikuta, o el de Pardeluts, próximo a la fuente del mismo nombre y no lejos de la legendaria piedra de *Amabirgiñ Arrie* en la cabecera del barranco de Arritzaga. Cuenta la leyenda que la Virgen de Arantzazu puso su pie sobre este bloque de piedra y dejó para siempre la impronta de la planta del pie sobre ella. Posteriormente en una de las facetas le tallaron una pequeña hornacina en la que colocaron una talla de la Virgen. Posteriormente, al pasar por este lugar pastores, ganaderos y gentes que andan por la montaña, suele ser costumbre rezar y dejar una limosna para que luego el capellán de San Miguel in excelsis o el fraile que asiste durante el verano a los pastores en la capilla de Errenaga celebre con este estipendio misas con la intención de proteger de rayos, tormentas, epidemias y maleficios a los pastores y ganados de la sierra.

También en las cercanías de la campa de Alotza, entre la majada de Elutseta y el monte Ganbo (1.427 m), se tiene noticia de la existencia de otro *pelotalekue* y de un monolito-menhir que está tumbado y partido llamado *Saltarri*. En torno a esta singular piedra de más de tres metros de longitud según cuentan los pastores de la zona se reunían para realizar juegos y apuestas. El vasco, tan aficionado a los juegos de competición, empleaba esta larga piedra de caliza para realizar sobre ella apuestas de intentar saltarla con los pies juntos a lo largo de su longitud.

Por otra parte en la zona de Aloña, Aizkorri y Altzania es costumbre que algún fraile del Santuario de Arantzazu, acompañado de un ayudante, suba a la sierra y recorra una por una las cabañas de los pastores y en ellas bendiga el rebaño, pastos, *txabola* y pastores. Luego el padre franciscano suele dejar alguna medalla o estampa que posteriormente el pastor clava en la puerta de la *txabola*. Por su parte los pastores suelen obsequiar a los frailes con un queso pequeño que suelen llamar *praileko gaztaia*. Esta práctica antes era general en otras montañas, como Aralar, Ernio, etc., y no sólo la realizaban los franciscanos, sino que subían a las cabañas pasionistas, capuchinos, etc.

En la actualidad un día importante es el miércoles, que es el día que aprovechan los pastores para bajar a vender sus productos, a comprar vituallas y enseres a la feria semanal de Ordizia: allí se encuentran y juntan con otros pastores y ganaderos, alternan, algunos se quedan a comer en alguna taberna de la villa y, mientras, se enteran de las noticias y movimientos sobre compras y ventas de rebaños y otros temas de interés del mundo pastoril.

Una costumbre que en otro tiempo estuvo bastante extendida y que refleja lo profundamente que está insertado el concepto de solidaridad en el mundo rural vasco en general, y entre la comunidad pastoril en particular, es la ayuda mutua llamada *bildots lorra*[5] que ya cita J. Thalamás y que consiste en que cuando a un pastor le ha ocurrido alguna desgracia con el rebaño (epizootia, muerte masiva por rayo, despeñamiento, ataque de lobos, perros, etc.) o es un joven pastor que se quiere establecer como tal, solicita a sus vecinos para que cada uno de ellos le aporte una oveja con las que poder iniciar una nueva explotación.

Una cosa parecida suele realizarse cuando un incendio arrasa un caserío y entonces, si no se tienen fondos suficientes como para levantar otra vez la explotación, se recurre a la solidaridad de los vecinos de los pueblos y barrios del contorno, que aportan pequeñas cantidades de dinero, materiales y hasta se hace una rifa de algún elemento básico para el desarrollo agro-pastoril.

Para proteger la *txabola*, la borda y otras construcciones anejas en la majada contra los rayos, tormentas y maleficios, los pastores suelen colocar en los marcos de puertas y ventanas así como introducidas entre las piedras de los muros, pequeñas cruces hechas con madera de laurel –*Laurel nobilis*– que ha sido bendecido el día de Ramos. Algunos pastores a estas cruces les suelen verter sobre su tronco y brazo varias gotas de *argizarie* (candela) que previamente se bendijo el día de la Candelaria (2 de febrero). Este hecho hace que este talismán, según dicen, sea mucho más eficaz para proteger de las iras divinas toda la majada, ya que, según es creencia, las velas bendecidas tienen mayor poder para conjurar los rayos y las tormentas. Otros colocan ramos de fresno (*lizarra*), cruces de espino albar (*elorri gurutzea*), estampas, medallas y hasta flores de cardo (*Carlina cynara*) o de *Carlina acaulis* (*eguzki lore*) con similar fin.

Como protección del rebaño es costumbre que el pastor mantenga en el mismo una o dos ovejas con la lana totalmente negra, pues es creencia que el tenerlas guarda de maleficios y aojamientos al ganado.

Con idéntico fin de protección, esta vez en una mezcla mágico-religiosa, los pastores de Aralar, Entzia (Araba), Aizkorri y Altzania acostumbran a colocar dentro de algunos cencerros una hoja plegada y redoblada con una fórmula religiosa del ritual católico romano para invocar la protección a los animales. Para que este talismán no se caiga del cencerro aplastan y pliegan la boca del cencerro que luego, introducido en un collar de madera (*uztaia*), colocan al cuello de una oveja buena del rebaño. A este elemento protector lo conocen como *kuttune*. Estas fórmulas se obtienen en la parroquia de San Juan Bautista de Olaberria y antes, cuando existía el convento de monjas cistercienses de San Bernardo de Barria, en las proximidades de Narbaxa, municipio de Donemiliaga, también ellas lo expedían a los pastores que lo solicitaban.

Por otra parte los pastores de Aralar no acostumbraban ni a subir con los rebaños a la sierra en primavera ni a bajar al valle o a la costa a pasar el invierno, en día que fuera viernes, como recuerdo respetuoso de la muerte de Cristo.

Una costumbre que sigue realizándose entre los pastores viejos de Aralar es la de quitar los grandes cencerros apucherados o panzudos llamados *dunbak* a las buenas ovejas y a las que son guiones, en señal de duelo cuando durante el año en la familia del pastor ha habido algún fallecimiento. Hay que tener muy en cuenta que para el pastor es motivo de orgullo, tanto cuando hace la pequeña trashumancia ascendente como descendente, que su rebaño vaya limpio, lustroso y con los grandes cencerros atronando por las estrechas calles de los pueblos por donde pasa. El hecho de no hacerlo es motivo de tristeza y de duelo que quiere que de esta manera los habitantes que lo presencian se percaten de ello.

Un punto importante dentro del mundo pastoril son las referencias abundantes que existen en el mundo popular sobre los trabajos y los productos que hacen los pastores y que suelen estar reflejados en la tradición oral por medio de los refranes. Desde muy antiguo existen relaciones paremiológicas recopiladas y publicadas que tratan y hacen de pastores, ganaderos y quesos. Una de estas series de refranes fue recopilada y publicada por el historiador arrasetarra Esteban de Garibay y Zamalloa que publicó en Amberes, en 1571, su obra *Compendio historial de las chrónicas y universal historia de todos los reinos de España*; consigna en sus *Memorias* que había enviado dos colecciones de refranes en lengua vascongada a Juan de Idiaquez, 1596; en una de éstas dice: *Arçaiac aserra çiteçen. Gastac aguiri çiteçen* (los pastores riñeron, y los quesos parecieron), más tarde el lezotarra Lope Martinez de Isasti recoge otra variante que es la siguiente: *Unayac arritz citean, gastaac aguercitean* (los vaqueros riñeron y los quesos parecieron). En castellano existe este mismo refrán: *Riñen los cabreros y descúbrese lo de los quesos*. Otro refrán de Garibay es: *Ardi chipia, veti vildos* (oveja pequeña, siempre cordero). Otras veces, por último, los refranes hacen referencia al tiempo atmosférico: *Martxo kaldartxo, ez ardi ez artantxo* (marzo traidor, ni oveja ni cordero).

Veterinaria y medicina popular

Tradicionalmete el pastor es reacio a utilizar los servicios médicos y veterinarios, pues muchas veces cree que él tiene, con su experiencia, un gran acervo de conocimientos populares transmitidos por tradición oral y solo cuando las cosas se complican en exceso acuden a los servicios oficiales.

La gran distancia existente, añadida a los malos y escasos sistemas de comunicación que había en la montaña, antaño, y la carestía que supone la utilización de los servicios médicos o veterinarios si no se tiene la Seguridad Social y las igualas veterinarias, han hecho, junto con un grado de incultura, desconfianza y falta de poder comunicarse por causa del idioma, que este grupo social continúe empleando fórmulas de la farmacopea y veterinaria popular.

Recuerdo en este sentido cómo a un pastor de la sierra de Aralar, al que había estado encuestando hace más de 35 años, lo encontré un día en aquellas fechas en su *txabola* que se había quedado tuerto a causa de la explosión del candil de carburo con el que iluminaba la cabaña. Este buen hombre llevaba varios días desde el accidente que lo único que hizo fue lavarse la herida del ojo con una infusión de manzanilla, pero en modo alguno bajó a los servicios sanitarios para que le curasen y trataran de que recuperara la visión, si era posible.

El campo de la medicina y de la veterinaria empírica suele estar por lo común circunscrito sobre todo a un cierto tipo de enfermedades y dolencias, tales como fracturas y luxaciones, aparato digestivo, enfermedades cutáneas, aparato respiratorio, sistema circulatorio y de orina, tanto en el hombre como en los animales.

Las prácticas, manejos y materias medicamentosas utilizadas son por lo común realizadas por el propio pastor y ganadero, y solo en ciertas ocasiones se acude a un *petrikillo* o curandero de más o menos fama en la región.

En este sentido, las relativamente frecuentes fracturas de las patas de las ovejas las curan los pastores inmovilizando el miembro fracturado por medio de cuatro tablillas que son afianzadas y envueltas por una venda untada en clara de huevo y sujeta por unas vueltas de esparadrapo.

A la hora de cortar los rabos a las corderas, para más adelante poderlas ordeñar con mayor facilidad, se les busca la juntura entre dos vertebras, dejando un trozo de rabo de aproximadamente ocho centímetros. El corte se realiza colocando y sujetando el cordero entre las piernas a la altura de las patas traseras y posteriormente cortando el rabo con un golpe seco de navaja de abajo hacia arriba. Esta operación es preferible hacerla en época fría y seca, para evitar, en lo posible, infecciones.

Para conseguir el destetado de los corderos, algunos pastores untan con excremento de perro los pezones de la oveja. Para ablandar los pezones y las ubres suelen frotar y masajear con manteca o también con aceite en donde se han frito flores de manzanilla.

La farmacopea popular, por lo general, echa mano sobre todo de la herbolaria y de las variadas plantas medicinales que crecen en los montes en donde obtiene los remedios para curar.

A continuación enumero algunos de estos remedios:

Para curar las *karetxak* (verrugas), frotarse éstas con zumo de junco, con ajo o echando al fuego granos de sal.

Contra el dolor de garganta: beber una decocción de orégano, llevar colgando del cuello una bolsita de ceniza del fogón bajo, o ponerse al cuello un trozo de *argizarie* (cera), bendecida el día de San Juan.

Como laxante: tomar una infusión de *tartiku belarra* (*Dafne laureola*) añadida al suero sobrante de la elaboración del queso.

Para aliviar el esguince de tobillo: tomar vahos de hiedra.

Para extraer pinchos y espinas clavadas: aplicar sobre la zona donde está clavada la espina un poco de tocino de cerdo y al poco tiempo se podrá extraer el pincho con facilidad.

Contra el reuma: darse friegas con ortigas, frotarse con aceite de lirón (*mitxarro*) o también pasarse los aros de hierro próximos a la Cruz de Ernio (1.072 m) o pasar varias veces por debajo de las cadenas que están en la capilla del Santuario de San Miguel de Aralar.

Contra los dolores de cabeza se pueden hacer los ritos mágico-religiosos de introducir la cabeza en altares con hueco, al tiempo que se reza una oración y se ofrece una limosna. Altares de nicho existen en Gipuzkoa, entre otros, en San Esteban de Urdaiaga, en San Pedro de Zegama y en el Aralar navarro el hueco existente junto al altar de la capilla.

Para combatir el dolor de oído: instilar a temperatura del cuerpo unas gotas de aceite frito con flores de *kamamilla* (manzanilla) o también gotas de aceite de la lámpara de la ermita de San Gregorio de Albiztur.

Para combatir los sabañones: frotar con hojas de *ospel belarra* la zona afectada y luego vendar.

Contra el dolor de estómago (*tripako miña*): tomar infusión de manzanilla, una copita de licor de *basakana* o de licor de *kamamilla* (manzanilla).

Para limpiar la vejiga y orinar: tomar infusión de *azari buztana* (cola de caballo). También utilizan una infusión de un helecho que llaman *auntz garo* o *aitzeko garo* o beber el líquido resultante de hervir *arto bizarrak* (barbas de maíz).

Para curar las quemaduras: aplicar sobre la quemadura hojas de ortiga bien machacadas; otro remedio, aplicarse una pomada hecha hirviendo médula de *intsusa* (sauco) y mezclarla con cera de abejas o también aplicarse sobre la quemadura el *polvo* (esporas) de la seta conocida como *astaputza*.

Para eliminar del conducto intestinal las lombrices: beber una decocción de ajos en leche o un vasito de vino al que se le han introducido varios dientes de ajo pelados, al cabo de unos días de estar macerando al sereno, beber un trago varios días.

Para cortar la diarrea: tomar el agua de cocimiento de renuevos de la zarza *lar puntak* o la decocción de frutos de *Rosa canina*, popularmente llamados *tapaculos*.

Por último, para bajar la tensión (*odol kolpea*): beber agua de *zain gorri* o de *malma belarra* (malva) que dicen que es bueno para adelgazar la sangre.

Queso y otros productos del pastoreo

Los productos que el pastor obtiene de la explotación del ganado ovino son los siguientes: carne, lana, leche, pieles y estiércol de oveja. También se explotan en el monte, en régimen de pastoreo extensivo, ganado equino, formado por yeguas y potros (*muxalak*), vacuno de raza pirenaica, pardo-alpina y razas mestizas que todas ellas se dedican para carne.

En el caso de las ovejas de raza *latxa*, tenemos en Gipuzkoa principalmente dos ecotipos: a) en la parte oriental del territoro oveja de cara rubia y rojiza que se conoce con el nombre de *ardi mutur gorri* y en menor cuantía *ardi pinttoa*; son muy rústicas y lecheras y b) en la parte occidental, las ovejas son de cara negra (*ardi mutur beltza*) y algunas de éstas con tupé en el testuz, que proceden de la zona de Gorbea. También son muy buenas lecheras.

El ganado porcino que pasta libremente en los montes comunales suele estar formado por pequeñas piaras de cerdos jóvenes. Algunos pastores los compran al principio de temporada para engordarlos con el suero sobrante de la elaboración del queso. Mientras dura la campaña éstos se alimentan con los desperdicios que sobran en la *txabola*, pienso, pasto y el hayuco de las hayas (*pago ezkurra*). Para resguardarlos de las inclemencias del tiempo, en la majada suele existir alguna construcción o unas elementales tejavanas de chapa que en ambos casos se conocen con el nombre de *txerritegi*.

Pero sin duda el producto más importante de las explotaciones de ovejas de raza *latxa* lo constituye la leche, con la que se obtienen el queso y la cuajada.

Los quesos que elaboran los pastores, en fresco, llegan a alcanzar los 2 kg y al finalizar, a los tres meses, el proceso de secado y afinado en el *gaztategi* de la *txabola* se quedan en aproximadamente 1,5 kg. Sin embargo los quesos que tienen mejor salida y aceptación por el ama de casa que los compra, son quesos de menor tamaño y peso y que, por tanto, al ser menores se pueden vender a un precio asequible.

Cuando los quesos están ya listos, a la hora de bajarlos a la feria o para venderlos a una sola mano, los pastores lavan los quesos con cepillo para quitarles la capa obscura de mohos que afea el producto. Una vez terminado el proceso, la corteza del queso presenta un color marfil brillante, caras paralelas, sin abultamientos, ni rajas, ni fisuras y dejando ver levemente la marca dejada por el trapo que lo envolvió en el molde.

En Gipuzkoa muchos de los quesos que se producen se ahuman en un habitáculo preparado al efecto en la misma *txabola* o en una construcción aparte. El ahumado que se daba a los quesos hace algunos años era mucho más fuerte e intenso que en la actualidad, en que se da un color suave con un sabor ligeramente ahumado. En otro tiempo, debido a las carencias higiénicas en la elaboración, este ahumado profundo e intenso se daba para enmascarar otros malos sabores y evitar en lo posible la contaminación por gusanos.

Gran cantidad de los quesos que se producen en las *txabolas* por los pastores, con técnicas artesanales tradicionales, tienen una gran demanda y son vendidos al detalle en la misma cabaña y otros son vendidos a algún revendedor o restaurante, en algún caso, antes de ser producidos.

Aparte de los quesos, el pastor durante la temporada de invierno cuando está en el *kostalde* o en el *beterri* y una vez que ha comenzado a ordeñar, reserva una pequeña cantidad de leche con la que luego hace la cuajada que se conoce con el nombre de *mamia* o *gatzatua*. La cuajada se prepara haciendo hervir la leche al menos dos veces y posteriormente dejando para que baje la temperatura hasta 36 / 37°C.

Hace unos setenta años todavía en algunos lugares se calentaba la leche hasta hacerla hervir por medio de las piedras rusientes introducidas en la leche. Estas *esnearriak* transmitían a la leche un cierto sabor a requemado que en algunos medios tenía una gran aceptación. La leche se dejaba enfriar a 37°C aproximadamente. Esta temperatura la solían medir introduciendo un dedo o el codo y si no se notaba diferencia de temperatura respecto a la del cuerpo, quería decir que era aproximadamente la que se precisaba. En ese momento se añadía la porción de cuajo natural que la experiencia demandaba para efectuar una buena coagulación.

Ahora el cuajo que utilizan suele ser titulado y es más sencillo acertar con la dosificación. En ese mismo momento se remueve la leche enérgicamente y se rellenan los tarros en cantidad de 5 tarros por litro y se deja en pleno reposo durante algo más de tres cuartos de hora, pasados los cuales la cuajada está lista para su venta y consumo.

En otras partes de Euskal Herria haciendo hervir el suero sobrante de la elaboración de queso obtienen el requesón o *zenberona*, que se consume tanto en fresco como salado y curado en saquetes.

Relación de la ganadería con la agricultura y viceversa

Desde los orígenes del pastoreo y la agricultura estas dos actividades están íntimamente relacionadas pues la una precisa de la otra para poderse desarrollar en una estructura de economía de tipo tradicional como es la que ha persistido en Euskal Herria hasta nuestros días. En este sentido M. Lekuona[6] en un trabajo sobre la propiedad de la tierra escribe que en Andoain oyó a un baserritarra decir: *Soroak zor du larrea* (el prado debe al pastizal) o en otras ocasiones *Nekazariak zorra dio artzaiari* (el agricultor está en deuda con el pastor).

Es sabido que el pastor de estas latitudes realiza un sistema y manejo del rebaño en el que divide el año en dos partes bien diferenciadas, esto es: la primavera, verano y parte del otoño aprovecha los pastos altos de montaña en donde todavía persisten los montes comunales, las uniones y las parzonerías, y a donde desde tiempo inmemorial acuden éstos para el usufructo y congoce de las hierbas, aguas y leñas que existen en esas montañas y que ya han quedado más arriba descritas las características, ordenanzas, derechos y obligaciones de los pastores y ganaderos que a aquellos pastos acuden. Por otra parte el resto de año, es decir: desde el final del otoño, todo el invierno y hasta el principio de la primavera permanecen en zonas bajas utilizando y alquilando las hierbas de algún caserío. En algunos casos el pastor tiene caserío, él o su familia, en alguno de los pueblos o lugares situados en el pie de monte, pero muy a menudo es un pastor sin tierra y por ello alquila las hierbas de varios caseríos instalándose en alguno que se encuentre deshabitado.

En muchas ocasiones estos caseríos suelen estar en un estado lamentable en zonas del *beterri* o del *kostalde* de Gipuzkoa o de Bizkaia, se trata de una ocupación temporal de estos *barrutiek* (praderas cerradas por cierres vegetales o por muros), que son abonados naturalmente por el excremento dejado por las ovejas del rebaño durante los días que en esos prados pasta. También suelen estar en piezas de cultivo que se quieren mejorar con nutrientes órganicos naturales. De esta sencilla manera y desde tiempo antiguo, cuando no se empleaban abonos de producción industrial, era la forma de mejorar las tierras tanto las dedicadas a pradera de siega como a campos de cultivo (maizales, plantas forrajeras, manzanales, etc.).

Epílogo

Después de haber dado un corto repaso al mundo del pastoreo tradicional en Gipuzkoa podemos decir, sin temor a equivocarnos, que en los ultimos veinte años este ancestral modo de vida ha cambiado y se ha desarrollado más que en los cinco mil años que lleva establecida esta actividad constructiva y renovable entre nosotros y que ha posibilitado la ingesta de proteina animal a las generaciones desde la domesticación de los animales.

Reafirmamos este aserto entre otras cosas por lo siguiente:

Hace cuarenta años conocí majadas pastoriles en Gipuzkoa en donde las *txabolas* no tenían ventana ni chimenea ni cama, el humo salía por donde podía entre la mampostería, por la cubierta o por la parte alta de la puerta, el camastro era un montón de brezos (*txillarrak*) limitados por troncos. La cubierta a dos aguas en algunos casos estaba formada por una capa de tepes y en otras construcciones por una gruesa capa de helechos (*garoak*). El fogón era bajo y la caldera y la sartén se colgaban de la cadena del llar. La iluminación era la que proporcionaba el candil de aceite (*krisellu*), o de acetileno y muchas veces la simple luz que producían las llamas en el *sutoki* (fogón).

Los utensilios de cocina también han cambiado: había pucheros de barro, cubiertos para cocinar y saleros hechos de madera.

El agua había que acarrearla, en recipientes, desde la fuente o el manantial que en algunas ocasiones se encontraba en lugares escabrosos y alejados.

Los abrevaderos y pesebreras para el ganado estaban generalmente hechos a base de excavar con hacha y azuela un tronco más o menos grueso y largo de madera de haya.

Los caminos de acceso hasta las majadas en general se hacía andando por sendas estrechas y en algunos tramos eran caminos de herradura con gran pendiente.

Los útiles y recipientes que se empleaban para la elaboración del queso, algunos como la *abatsa* y el *apazko txikie* eran de madera. Los moldes o *zumitzeak* para dar forma al queso eran también de madera, lo mismo que el embudo pasador para la leche (*iragazkia*) y el batidor o *malatxa* hecho con acebo.

El ordeño del ganado era manual, estando el pastor en el redil, con el ganado suelto en el interior y él moviéndose y ordeñando a las ovejas estando en cuclillas y sin banco.

Las normas sanitarias y las medidas higiénicas a la hora de hacer los quesos, lo mismo que los seguimientos veterinarios rigurosos, eran muy deficientes.

La pequeña trashumancia, tanto la inversa como la directa, se hacía por los caminos tradicionales y por los tramos de carretera hasta llegar a los destinos.

Sin embargo, en este momento, una gran cantidad de cabañas están reformadas y muchas de ellas tienen una superficie construida mucho mayor que las antiguas. Han sido construidas en hormigón con viguetillas, cubierta a dos aguas, pavimento de terrazo, ventanas acristaladas; varias estancias, cocina con agua corriente así como económica y quemadores de gas. Ducha y lavabo, dormitorio con camas con jergón y colchón, cuarto para los quesos y pequeño almacén. La iluminación a base de placas fotovoltáicas capaces de alimentar varias lámparas, aparato de radio y algunas veces aparato de televisión, también nevera o frigorífico que funciona con bombona de gas.

Los utensilios y recipientes para la elaboración del queso son de chapa de hierro, de inoxidable o de duraluminio, pasador de red metálica de inoxidable; los moldes de plástico, usan termómetro y lira para cortar la cuajada. Calentadores de gas para el baño María. Cubas de acero inoxidable y prensas de resorte y hasta hidráulicas.

Caminos y pistas de acceso, en muchos casos hasta la misma majada, con los vehículos 4x4 todo terreno.

El ordeño se realiza en cajón que inmoviliza a la oveja durante el mismo, mientras el pastor ordeña sentado y en algunos casos a cubierto.

El control veterinario del rebaño, campañas de vacunación, control lechero, y baños y duchas anti parasitarios son una medida sanitaria general en la inmensa mayoría de las explotaciones.

Los traslados periódicos de invierno y primavera se hacen casi en su totalidad por medio de transporte en camiones ganaderos.

Algunos caseríos y explotaciones con ganado ovino, así como pastores con cabaña en los pastos de montaña y naves para estabulación en el valle, tienen sistemas de ordeño mecanizado tanto en línea como en paralelo, foso o rotonda con o sin cinta, que hace que esta labor tan penosa se realice de forma más eficaz, higiénica y con mayor rapidez. Por otra parte, muchos caseríos que tienen explotaciones de ovino están provistos de cubas de acero inoxidable para conservar refrigerada la leche para luego poder hacer quesos.

Las ferias y los mercados de productos autóctonos, junto a la promoción que supone para el queso el Consejo Regulador de Denominación de Origen de queso Idiazabal y la realización de gran número de concursos de queso elaborados con leche de oveja *latxa*, han contribuido a la mejora, aumento de la producción y estandarización del queso tanto ahumado como sin ahumar.

Si a todo el cambio y modernización de las instalaciones antes citado añadimos que este año se ha abierto en Arantzazu una *Artzai Eskola* (Escuela de Pastoreo), podemos concluir que el pastoreo y la explotación de las ovejas *latxas* tienen porvenir aunque muchas de las formas, manejo y método van a tener que cambiar para sobrevivir. Si por otra parte sabemos que en Euskal Herria el consumo de queso por persona y año está cifrado en 8 kgs y la media de la CEE es de 15 kgs (Grecia 21 kgs y Francia 18 kgs), nosotros nos encontramos muy lejos del techo de saturación del mercado y, por tanto, depende de la habilidad de los cocineros, el interés por los nuevos platos que cambien nuestros hábitos y que hagan que de ser postre pase a ser parte importante del plato principal.

Notas

[1] - Nueva Recopilación de los Fueros. Reimpresión Tolosa 1867, facsimile Valladolid 1976. En la pág. 325 dice: «Aunque en todo tiempo se ha prohivido el que se traigan cabras en terminos, y en montes agenos, ni en heredades, salvo en el termino, monte,y heredad propios del dueño de las cabras (Henrique IV en Vitoria el 30 de marzo de 1457), y en lo antiguo, estuvo impuesta la pena de diez blancas por cada cabra, y cinco de cada cabrito, que se hallassen en heredad, y termino ageno; ha sido tal la costûbre de tenerla, y conservarlas en casi toda esta Provincia con mucho daño de los montes, y frutales de los Concejos, y particulares, que por requerir el remedio de los males, que ocasionan en todas partes, el establecimiento de mayores penas de las dispuestas por la Ordenanza antigua. Ordenamos, y mandamos, que la dicha Ordenanza se guarde, y cumpla, y la pena de las transgresiones sea, y se entienda, veinte y quatro maravedis, por cada vna cabra, y doze por cada vn cabrito, y al doble prendandolas de noche, y que con este aditamento de penas se execute la dicha Ordenanza antigua, que es como se sigue. De aquí adelante en la dicha Provincia ninguno, nin algunos non trayan cabras en terminos, y montes agenos, ni heredades, salvo en su heredad, y termino y monte, é qualquier, ó qualesquier cabras, que fueren falladas; paguen cada vez, por cada caveza mayor diez blancas, y por el cabrito cinco blancas, é que esta dicha Ordenanza se tenga, y se guarde en toda la dicha Provincia, é que ninguno, nin algunos non vayan, nin passen contra esta dicha ordenanza, so pena de cada tres mil maravedis á cada Concejo, y Villa, ó Lugar, y á cada persona mil maravedis (Phelipe II en Madrid el 15 de abril de 1589)».

[2] - Villareal de Berriz, P.B.: Máquinas hidráulicas de Molinos y Herrerías, y gobierno de los árboles y montes de Vizcaya. Madrid 1736, facsimile. San Sebastian 1973.

[3] - Fuero de Guipuzcoa. Edición facsimile. Lex Nova. Valladolid, 1976.

[4] - Fermín Leizaola: comunicación a las Jornadas de Antropología: Símbolos Mágico-Religiosos en el Mundo rural de Euskal Herria – S.E.V. Iruñea 1998

[5] - Thalamás Labandibar, Juan: Aspectos de la Vida Profesional vasca. Donostia 1935

[6] - Lekuona, Manuel de.: Idazlan guztiak 2, Euskal etnografia, Tolosa, 1978, pp 26,27.

Bibliografía

ARIN DORRONSORO, Juan de.

«Notas acerca del pastoreo tradicional de Ataun», *Anuario de Eusko Folklore* nº XV - Sociedad de Ciencias Aranzadi. San Sebastián 1955.

BARANDIARAN, José Miguel de.

El Hombre Prehistórico en el País Vasco. Edit. Ekin. Buenos Aires 1953.

«Notas sueltas sobre el pastoreo en Gorbea (Vizcaya)», *Anuario de Eusko Folklore* nº XV- Sociedad de Ciencias Aranzadi. San Sebastián 1955.

«Hojas de Eusko Folklore» nº 47 –192 – *El Mundo en la mente popular Vasca*. Edit. Auñamendi - San Sebastián 1960.

Diccionario ilustrado de mitología Vasca – Obras Completas, tomo 1º - Bilbao 1972.

CILLAN APALATEGUI, Antonio.

La Comunidad. Foral de Pastos en Guipuzcoa. Imprenta de la Diputación de Guipuzkoa. San Sebastián 1959.

ECHEVERRIA, Teófilo - ECHEVERRIA, Augusto.

El ganado ovino de raza Lacha en Navarra - Diputación Foral de Navarra. Pamplona 1970.

EGURCEGUI ARRONIZ, Jesús.

La vida del pastor y el manejo del rebaño -Vitoria-Gasteiz 1995.

GIRO MIRANDA, Joaquín.

Memorias de un pastor riojano - Logroño 1985.

GOÑI, Carmen de.
«Algo sobre la Parzonería General de Guipuzkoa y Alava». *Anuario de Eusko Folklore* nº 15. - Sociedad de Ciencias Aranzadi. San Sebastián 1955.
GOROSABEL, Pablo de.
Diccionario Histórico, Geográfico Descriptivo de Guipuzcoa. Edic. facsimile de la edit. La Gran Enciclopedia Vasca. Bilbao 1971.
LEIZAOLA, Fermín.
«Uztai Egillea». *Anuario de Eusko Folklore* nº XXIII - Sociedad de Ciencias Aranzadi. San Sebastián 1967-68.
«Algunos aspectos de la artesanía rural en Navarra». *Revista Munibe.* San Sebastián 1971.
«Contribution à l'Étude des Artisans du Bois au Pays Basque». *Actas del Primer Congreso Internacional de Etnología Europea.* París 1971.
«Cuchareros del País Vasco». *VI Congreso de Estudios Pirenaicos.* Bagnères de Bigorre 1971.
«Aspectos de la vida pastoril en el País Vasco». *IIª Semana de Antropología Vasca.* Bilbao-Deusto 1973.
«Algunos sistemas de colocar badajos a los cencerros empleados en el País Vasco». Comunicación al VII Congreso de Estudios Pirenaicos celebrado en Seo de Urgel y Andorra en 1974.
«La ganadería como actividad preindustrial. Técnicas pastoriles». *IIIª Semana de Antropología Vasca.* Bilbao 1976.
Euskalerriko Artzaiak. Editorial Etor. San Sebastián 1977.
La Cultura pastoril. En tomo I de la enciclopedia Euskaldunak - Editorial Etor. San Sebastián 1978.
Notas sobre el pastoreo en Gorbea - Bilbao 1979.
Euskal Etnografía, álbum de diapositivas comentadas. Banco de Vizcaya. San Sebastian 1979.
«El pastoreo tradicional en Gipuzkoa, notas para su estudio» - Narria - Madrid 1991.
OTERO, X - EPALZA, A - LEIZAOLA, F.
Kaikugilleak, Domingo Etxandi - Iruñea 1987.
SANCHEZ TRUJILLANO, María Teresa y GOMEZ MARTINEZ, José Ramón.
Rebaños. La ganadería tradicional a través de las colecciones del Museo de la Rioja. Logroño 1995.
THALAMAS LABANDIBAR, Juan.
Aspectos de la Vida Profesional vasca. Donostia 1935.
VILLAREAL DE BERRIZ, Pedro Bernardo.
Máquinas Hidráulicas y Gobierno de los Árboles y Montes de Vizcaya. Edición facsimile - Sociedad Guipuzcoana de Publicaciones. San Sebastián 1973.
ZUMALDE, Ignacio.
Historia de Oñate. Edic. Diputación de Guipúzcoa. San Sebastián 1957.

Ilustraciones

I. Cerrando el collar (*uztaia*) que sujeta el cencerro (*dunba*).
II. Angel Artza haciendo quesos en la chabola de Enirio (Aralar).
III. Pastor con su perro en las campas de Degurixako (Aretxabaleta).
IV. Elixabete Arrillaga de la chabola de Laskolatza (Parzoneria –Urbia) con una oveja.
V. El pastor Juan isidro Sukia en Gaintza. Al fondo la sierra de Aralar con el Larrunarri (Txindoki) en primer término.
VI. Esquileo tradicional de una oveja.
VII. Oveja amamantando a su cordero.
1. Pastoreando ovejas en el paraje de Elordi (Aralar).
2. Pastos de Urbia; al fondo el macizo de Aizkorri con Arbelaitz y la majada de Arbelar.
3. Orendain, un pueblo perteneciente a la Unión de Enirio-Aralar.
4. A principios de mayo subiendo con el rebaño a los pastos de montaña hasta noviembre.
5. Pastor y rebaño subiendo desde Larraitz hasta el collado de Errekonta (Zaldibia).
6. Joxantonio Ormazabal del caserío Urretabizkaia de Gaintza en la majada de Muitze (Aralar).
7. Caserío de la barriada de Gezaltza (barrio de Arantzazu) con ovejas en las praderas mejoradas.
8. José Ignacio Gorostegi del caserío Gorostizu de Gaintza con su rebaño de cabras.
9. Detalle de la cabeza de una oveja de raza *latxa* variedad rubia.
10. Oveja y cordero de raza *latxa* variedad cara negra.
11. Majada de Buruntzuzin, antigua chabola de Lukas Artano de Amezketa; al fondo a media ladera, majada de Ariñate (Aralar).
12. Rebaño subiendo por el camino de Ondarre (Aralar).
13. Al final del otoño descenso de las ovejas al valle o a la costa. Barranco de Arritzaga, en Aralar.
14. El pastor Keixeta bajando al mercado desde su chabola en Ernio.
15. Praderas en Zaldibia, al fondo la arista del Txindoki.
16. Rebaño de ovejas pastando en Aralar.
17. Vieja chabola en la zona de umbría de Aralar.
18. Chabola que ocupó durante muchos años el pastor Miguel Murua en Oidui (Aralar).
19. Una de las chabolas que se asientan en el *polje* de Degurixa (Aretxabaleta-Eskoriatza).
20. Rebaño de la majada de Doniturrieta Azpikoa (zona de solana de Aralar) en el redil para el ordeño.
21. Hastial de una chabola.
22. Las chabolas de Elordiko borda y de Ariñate, en la zona de Ondarre, bajo el pico de Larraone (Aralar).
23. Majada de Arritzaga en el barranco del mismo nombre y junto a las ruinas de las antiguas minas de cobre.
24. Chabola con piedras (pisa teja) en la cubierta, al fondo el macizo de Aizkorri.
25. Mi amigo Eulogio Mendizabal preparando la comida en el *beko sue* de la chabola de Oidui (Aralar).
26. Recinto para curar y secar los quesos en el caserío Zelaieta de Orendain.
27. Religiosidad popular, elementos protectores contra rayos, tormentas y maleficios en la puerta y jamba de un caserío de Zerain.
28. Pastor con los perros en busca del rebaño.
29. Pastor de Ernio ordeñando a las ovejas en el redil.
30. *Txaratila* para torcer la hebra de lana y hacer con ella hilo de lana (cedida por P. Arruabarrena y K. Aduriz).
31. Los hermanos *Kaskagorri* en su chabola de la majada de Oidui. En primer plano Jesús hilando con la *txaratila.*
32. Anciana haciendo calcetines con lana hilada con la *txaratila.*
33. *Abarkak* de goma con cordones de lana hilados y trenzados a mano llamados *abarka trailak.*
34. El pastor Anastasio Balerdi Beloki subiendo en primavera con el rebaño y los *trastos* a la majada. Repárese en que una de las aves ha puesto un huevo en la jaula, durante la subida a los pastos.
35. Diversos tipos de cencerros (*txintxarriak, dunbak*) y collares de madera (*uztaiak*) que se colocan a las ovejas.
36. Poniendo pienso en los pesebres de la cuadra para las ovejas.
37. Los primeros minutos de vida del cordero. La madre limpia a la cria recién parida.
38. El pastor Juan Ixidro Sukia con corderos de pocos días.
39. Por Navidades se sacrifican muchos corderos de los que no se dejan para reposición del rebaño.
40. Ixidro Aierbe del caserío Aldaskorta de Zaldibia sale de la cuadra con el rebaño y las marmitas para ordeñar a las ovejas.
41. Colocando *dunbak* (cencerros panzudos) a las mejores ovejas del rebaño. En señal de duelo por algún familiar próximo, el pastor no coloca este tipo de cencerro durante la subida o bajada a los pastos.
42. Comprobando el similar sonido de todos los cencerros que lleva en el rebaño.

43. Joxantonio Ormazabal de la chabola de Muitze (Aralar), poniendo el pasador al collar de madera que sujeta la *dunba*.
44. Cencerros y campanillas de bronce de diversos tamaños y tipos en un puesto de la Feria de Ordizia.
45. Ovejas con señales en las orejas.
46. Rebaño de ovejas (Urkulu - Baxenabarre) con vistosas y claras marcas de colores.
47. Moderno sistema de marcado del ganado equino que pasta en Aralar, por medio de nitrógeno líquido (Larraitz, Abaltzisketa).
48. El famoso alimañero Jeronimo Sukia de Zaldibia en la actualidad.
49. Jineta, mamífero carnicero que diezma los gallineros que tienen los pastores en las majadas.
50. Un yegüero escruta con prismáticos para localizar donde se encuentra su ganado.
51. J. Sukia de joven cuando atrapaba alimañas en la zona de Arkaka (Zaldibia).
52. El pastor de la majada de Duru (Oñati) a la puerta de su chabola, rodeado de los utensilios para la elaboración del queso.
53. Un elemento inseparable del pastor es la *makila* de avellano y muy a menudo el cigarro puro.
54. Yeguas con collar de plástico.
55. Herrando yeguas.
56. Mulo con carga sobre las cartolas.
57. Haciendo quesos artesanales. Presionando el matón en el molde de madera (*zumitze*) sobre la tabla ranurada llamada *txurka*.
58. *Kaiku*, recipiente monoxilo para ordeñar ovejas cabras...y tambien utilizado en otro tiempo para hacer cuajada o hervir la leche o el suero introduciendo en el interior varias piedras rusientes que intercambian el calor y hacen que el líquido contenido rompa a hervir en unos instantes (cedido para la fotografía por P. Arruabarrena y K. Aduriz).
59. Abatza, recipiente monoxilo, de mayor tamaño que el kaiku que se utilizó hasta los años cincuenta en bastantes majadas para cuajar la leche con la que luego se elaboraban los quesos (cedido para la fotografía por P. Arruabarrena).
60. Pesado de queso por medio de la balanza romana.
61. Cachorros de perro pastor vasco junto al pie de un pastor calzado con *abarkak* y calcetines de lana.
62-63. Anciano del barrio de Urkia (Itsasondo).
64. Día de colada en la chabola de Duru (Oñati).
65. Sol y ovejas.
66. Puesto de venta de queso con denominación de origen *Idiazabal* en el mercado de Ordizia.
67. Cruces protectoras en el dintel de una chabola de Urbia.
68. Rebaño pasando junto a la cruz que recuerda la muerte de un joven pastor.
69. Pastor preparando las ovejas para ir a los pastos bajos cercanos a la costa.
70. Algunos pastores del Aralar navarro pasan los inviernos en los pastos de la costa guipuzcoana y el verano ascienden a los pastos de Andia y Urbasa. En la fotografía, un rebaño asciende por carretera al Puerto de Lizarraga y al fondo se divisa el Beriain y la ermita de San Donato.
71. Pastor bajando por la calzada que de Aralar se encamina hasta el pueblo de Lakuntza.
72. El rebaño de Joxantonio Ormazabal trasladándose en los pastos de la zona de Muitze.
73. Pastor conduciendo al rebaño hacia nuevos pastos.
74. El experto y veterano pastor Joxe Urretabizkaia de la chabola Zirigarate Bekoa con un cordero y su perro.
75. Perfiles de pastores.
76. Curando la pezuña de una oveja con una aplicación tópica de antibiótico en aerosol.
77. Ejemplares de *ardagaia* (*Fomes fomentarius*), en un tronco de haya. Estos hongos se utilizaron en otro tiempo como yesca para hacer fuego y con fines hemostáticos.
78. El legendario Santuario de San Miguel *in excelsis* un día de invierno (Aralar navarro).
79. Después de la tormenta viene la calma; arco iris en Abaltzisketa.
80. *Ardi gazta* con denominación de origen (Idiazabal).
81. El yegüero Joxe Zeberio *Maiorra* en el collado de Urkillaga (Ataun).
82. La pastora Elixabete Arrillaga, de la majada de Laskolatza en Urbia.
83. Luis Mª Iglesia con cerdos que engorda con suero y pienso, bajo la chabola de Ariñate.
84. Perfiles de vacas en la Parzonería de Altzania.
85. El pastor *Bixar* filtrando la leche recién ordeñada y recogiéndola en marmitas.
86. Carneros de raza *latxa* variedad rubia mezclados con las ovejas del rebaño.
87. *Keixeta* de Errezil, pastor de la chabola de Axeri Buztana, en la ladera de Ernio.
88. Batiendo la leche cuajada al tiempo que añade agua caliente. Es otra fase de la elaboración del queso con técnicas artesanales en la misma chabola.
89. Miguel Antonio Sukia, viejo pastor de 97 años, haciendo queso con los utensilios tradicionales: marmita, *txurka* y *zumitze* (molde de madera) junto a su caserío de Zaldibia.
90. Majada de Elutseta y al fondo el Larrunarri (Txindoki).
91. Rebaño en los pastos bajos de invierno, al fondo la sierra de Aizkorri – Aloña.
92. *Ilorra* o *txerritegi* entre fresnos, en la majada de Oidui (Aralar)
93. Rebaño de la majada de Doniturrieta Azpikoa con su pastor y su perro.
94. Las nuevas técnicas queseras se están imponiendo. Amelia Jauregi escurriendo el matón para envolverlo en el trapo y meterlo posteriormente en el molde de plástico. Instalaciones del caserío Baztarrika de Gabiria (turismo rural).
95. También es creciente entre los caseríos con rebaño la instalación de parques de ordeño mecánico, consiguiendo racionalizar e higienizar este penoso trabajo. En la foto, la sala de ordeño de Gerardo Garmendia *Mozo* en el caserío Aizporra de Zaldibia.
96. Para promover el consumo, mejorar la calidad y tipificar el queso con denominación de origen *Idiazabal*, aparte del Consejo Regulador se celebran en diversas localidades de Euskal Herria concursos de degustación de quesos por parte de un jurado especializado. En la foto, el famoso concurso de quesos que todos los años se celebra en Ordizia – Capital del Queso.
97. Amanecer junto al caserío Zelaieta de Orendain. Joxantonio Garmendia esperando al camión que recoge la leche para una industria quesera.
A. Plano de zonas de pastoreo en Gipuzkoa (verano e invierno): **1.** Arno. **2.** Izarraitz. **3.** Ernio. **4.** Zaraia. **5.** Aizkorri-Altzania. **6.** Enirio Aralar.
B. Mapa de caminos pecuarios e invernadas de los rebaños en Gipuzkoa: **1.** Mancomunidad de Enirio-Aralar. **2.** Parzonería de Altzania.
C. Oabiel. Aralar guipuzcoano. Zona: solana. Majada de Oabiel. Juan Ignacio Begiristain. Caserío Ibondo - Barrio de Aia - Ataun. **1.** Chabola del pastor. **2.** *Eilorra*-Gallinero. **3.** Huerta. **4.** Ruinas de la chabola (ahora basurero). **5.** Bosquete de fresnos utilizado como redil. **6.** Leñera. **7.** Explanada para la nueva chabola. **8 y 9.** Caseta para el perro.
D. Chabola y anejos de José Oyarbide. Majada de Oltze, Aizkorri. (Datos tomados en 1965, actualmente en ruinas). Explicación del dibujo de la majada de José Oyarbide de Oltze, Aizkorri: **1.** Chabola en donde vive temporalmente el pastor. Tiene tres partes, a saber: A. cocina; B. dormitorio; C. quesera. **2.** "Baratzea" (pequeña huerta). **3 y 4.** *Eilorra* de cubierta a dos aguas con tepes. **5.** Caseta para el perro. **6.** Abrevadero de tronco ahuecado para dar el suero a los cerdos.
Dentro de la chabola se encuentran los siguientes elementos: D. bancos; E. mesa; F. fogón bajo adosado a la esquina; G. camastro; H. arca pequeña; I. prensa para los quesos; gran tronco de haya ahuecado que sirve para salar en agua salmuera los quesos; P. puertas; V. ventanas. Aparte, en el interior de la chabola se encuentran los recipientes y utensilios para la elaboración del queso, menaje de cocina elemental, garrafones, botellas, alimentos, conservas, ropa, mantas, paraguas, palo del pastor, herramientas, medicinas, productos veterinarios, raticidas, ratoneras, estampas, medallas, rosario y cruces protectoras...
E. 1. *Urkiloa* - Aralar; *Mirabuztana* - Aizkorri. **2.** *Pitzatue* - Aralar. **3.** *Laiategia* - Aralar. **4.** *Akatsa* - Aralar/Aizkorri; *Koskea* - Aizkorri. **5.** *Burnizuloa* - Aralar; *Zuloa* - Aizkorri; *Eztentxuloa* - Aizkorri. **6.** *Puntamotza* - Aralar/Aizkorri. **7.** *Garranga* - Aralar; *Pikarea* - Aizkorri. **8.** *Belarri osoa*.

ÉLEVAGE À GIPUZKOA

Introduction

Le territoire historique de Gipuzkoa est situé à la limite occidentale des Pyrénées. Il est délimité au nord par le Golfe de Gascogne, au sud par les provinces de Álava et de Navarre, à l'ouest par la province de Biscaye, et à l'est par le territoire de Lapurdi au Pays Basque français et par la Navarre.

Ses coordonnées sont 42°53'45" et 43°23'46" de Latitude Nord et 1°43'40" et 2°36'05" de Latitude Ouest (Greenwich).

Il a une superficie de 1.997 km² pour près de sept cent mille habitants, et donc une densité de population très élevée, de 350 habitants au kilomètre carré.

Son point culminant est le Aitz Txuri de 1.551 mètres qui se trouve près du pic de Aketegi dans le massif de Aizkorri. De cette limité méridionale de Gipuzkoa naissent les principaux cours d'eau qui forment un réseau hydrographique coulant du Sud au Nord. Ils forment des vallées profondes et étroites et des plaines fertiles dans lesquelles sont établis les principaux noyaux de population et les zones industrielles. Ce tissu urbain et industriel presque ininterrompu dans certains des fonds des bassins principaux fait que le paysage est souvent une conurbation. Les rivières principales d'Ouest en Est sont les rivières Deba, Urola, Oria, Urumea, Oiartzun et Bidassoa.

Dans ces zones rurales, l'habitat est dispersé, formé par de petits noyaux, quartiers et communes autour desquels se rassemblent certains immeubles à caractère civique, ludique et religieux. Le reste de la population vit dans des fermes disséminées à diverses altitudes sur l'ensemble du territoire municipal. Là, l'activité principale est en général l'agriculture, même si l'on peut observer une baisse nette et progressive de la population qui se consacre au secteur primaire, qui tend à s'établir dans des noyaux plus importants situés dans les vallées à côté des rivières principales. Le monde rural abandonne son milieu et se situe dans des zones urbaines où il recherche du travail dans le secteur industriel ou des services.

Zones et types d'élevage

L'élevage, activité millénaire s'il en est, s'exerce de préférence dans les zones de montagne, où les pâturages naturels sont assez abondants. À Gipuzkoa, les superficies occupées par les herbages permanents par région sont les suivantes :

	Hectares
Bidassoa – Donostialdea	12.051
Deba Garaia	5.604
Goierria	11.541
Tolosaldea	9.277
Total	**53.579**

Les bergers et les troupeaux sont en général originaires des villages situés sur les flancs et au pied des montagnes des abondants pâturages naturels d'altitude qui sont encore parfois utilisés et mis à profit par la commune.

Ces pâturages se trouvent à des altitudes allant de 400 m. à 1.500 m. Les zones de pâturage les plus importantes à Gipuzkoa sont les suivantes (voir carte nº1).

Région méridionale : Monts de Zaraia, Elgea, Altzania et Aizkorri.

Région centre : Massif de Izarraitz, Andutz, Murumendi et massif de Ernio-Gazume.

Région sud-est : mont de Aralar de Gipuzkoa et monts de Ataun.

Région nord-est : Mont Jaizkibel.

Région nord-ouest : Massif de Arno-Biolar.

Région est : Massif de Adarra-Mandoegi et monts Ipuliño et Uli.

L'élevage prend plusieurs formes, qui sont les suivantes :

Petite transhumance
Trasterminancia
Élevage des troupeaux en cabane – ferme
Stabulation.

On trouve la petite transhumance parmi les bergers qui pendant l'été gardent leurs troupeaux dans les hauts pâturages de Aizkorri, Altzania et Aralar principalement. Les pacages se trouvent à des altitudes pouvant aller de 600 à 1.500 m. Ces ovins restent du printemps jusqu'à la fin de l'automne dans les prairies naturelles de ces montagnes et descendent avec l'arrivée de l'hiver et l'épuisement des pâturages dans les prairies artificielles et les pacages moissonnés, situés sur le littoral du Golfe de Gascogne et dans les basses vallées de Gipuzkoa et de Biscaye. Ils s'installent et se nourrissent dans ces bas pâturages appelés *belar soroak* ou *barrutiak* jusqu'au printemps suivant, plus précisément jusqu'au début du mois de mai.

La *trasterminancia* est généralement exercée par les bergers des massifs de Zaraia, Izarraitz et Ernio. Dans ce cas, les bergers restent pendant la fin de l'époque de la traite dans la cabane de la bergerie. Une fois que les brebis sont *sèches* (une fois qu'on a arrêté de les traire), elles ne montent que de temps en temps pour passer la nuit dans la hutte. Avec l'arrivée des premiers froids et des premières neiges, quand les pâturages sont épuisés, le berger descend avec son troupeau jusqu'à la ferme située dans la vallée ou sur le flanc même de la montagne.

Actuellement, beaucoup de ces bergers ont modifié leurs coutumes et leur façon de conduire le bétail ; en effet, certains d'entre eux ne montent dans la montagne qu'à l'époque de la traite et restent dans la hutte pour regrouper les troupeaux et les traire. Mais ils descendent le lait ainsi obtenu, à l'aide d'un véhicule dans des marmites jusqu'à la ferme et font des fromages ou, plus généralement, vendent le lait à une coopérative fromagère. En dehors de l'époque de la traite, ils montent à la *saroia* (cabane) de temps en temps pour surveiller et savoir où se trouve le troupeau. À ces occasions, ils le regroupent, le comptent, le soignent, etc.

L'élevage de *borda (hutte)* se fait dans les fermes qui possèdent non loin de là un pâturage avec une *hutte* et d'autres constructions annexes telles qu'un bercail par exemple. À ces endroits sont installés de petits troupeaux de moutons en stabulation libre. Ces troupeaux comprennent en général de 25 à 80 têtes de bétail. C'est d'ordinaire le *baserritarra* (fermier) lui-même qui se charge de le guider et de le soigner. Celui-ci s'occupe d'autre part des travaux des champs, des vaches laitières et des bovins de boucherie installé dans la *ukullu* (étable) de la ferme.

Bétail élevé

Nous pouvons citer, parmi le bétail élevé à Gipuzkoa : les ovins, les chevaux, les bovins, quelques porcins ainsi que des caprins, mais en quantité très limitée. Les chèvres, qui broutent les bourgeons et les jeunes tiges des arbres et des arbustes, sont soumises à une législation rigoureuse qui limite leur pâturage. On trouve d'ailleurs un Fuero *(loi de la province)* de Gipuzkoa datant de 1697 qui, dans son titre XL chapitre VI indique : «que personne ne pourra amener des chèvres dans la Province, mis à part sur son propre domaine»[1].

Nous traiterons dans ce livre surtout de l'élevage des ovins et nous ne occuperons que brièvement des autres espèces élevées.

À Gipuzkoa, la seule race de moutons faisant l'objet de pâturage extensif traditionnel est la *Latxa*.

La *latxa* est une race autochtone du Pays Basque, qui est établie et domestiquée apparemment depuis le Néolithique. Ces principales caractéristiques morphologiques sont les suivantes :

- Hauteur au garrot : 60,0 cm
- Poids vif de la femelle : 40,5 kg
- Laine très grossière avec touffe ouverte et très longue (30 cm) qui forme une *raie au milieu* très caractéristique sur le dos.
- La toison non lavée peut peser entre 1,5 et 2 kg
- Cette race est très adaptée au climat et à l'habitat tempéré et humide dans lequel elle est élevée.
- Bonne laitière, puisqu'elle peut produire un peu plus d'un litre de lait pendant environ 120 jours par an.
- Dans des conditions normales, la brebis a au moins un agneau par an.

Dans cette race très rustique, il est possible de distinguer plusieurs types, notamment ceux qui ont la face blanche, rouge ou tâchée connus sous le nom de *ardi mutur txuri, ardi muturgorri* ou *ardi mutur pintoa*, respectivement, et que l'on trouve en grand nombre dans la zone du mont Aralar et les bassins des fleuves Oria, Urumea, Oiartzun, Bidassoa ou dans les régions limitrophes principalement.

Il existe un autre type, connu sous le nom de *ardi mutur beltza / baltza* (mouton à face noire), que l'on peut trouver dans la zone de Partzoneria de Altzania, le mont de Aizkorri, le Massif de Zaraia, les monts de la vallée de Leniz et en général dans les bassins hauts et moyens des fleuves Urola et Deba.

Il existe encore d'autres types, comme celui qui possède une espèce de toupet abondant sur la tête que l'on appelle dans certains endroits *motozdune*, ou certaines femelles à cornes, *adardunak*.

Les moutons à laine noire ne sont pas très présents mais il peut en exister toujours un ou deux dans chaque troupeau. Ceci est dû au fait que, selon la croyance populaire, conserver certains spécimens noirs protège le troupeau contre les maléfices superstitieux et les maladies ; cette coutume a acquis un caractère prophylactique et s'est transmise oralement de siècle en siècle.

Dans certaines régions très limitées de Gipuzkoa, il reste certains exemplaires du mouton appelé *sasi ardia*. Il s'agit de moutons très rustiques habitués à paître dans des zones abruptes avec des fourrages grossiers et qui demandent peu d'attention de la part des propriétaires. Ils sont de petite taille, leur laine est rêche et grossière et leurs extrémités sont fortes.

Chemins d'élevage et pâturages communaux

Avec l'arrivée de nouvelles habitudes de vie, aux alentours du troisième millénaire avant notre ère, la domestication de certains animaux et de certaines plantes, l'homme préhistorique basque entame un mode de vie révolutionnaire, l'élevage des troupeaux. Pour ce faire, le berger qui conduit et soigne les troupeaux est obligé de se déplacer périodiquement avec ceux-ci à la recherche de pâturages adéquats. Ces hommes qui peuplèrent nos montagnes durant le Néolithique et l'âge de fer nous ont laissé un témoignage muet dans les sites de menhirs, de cromlechs et de dolmens. Les dolmens *(triku harriak, trego harriak)*, les cromlechs (*harrespilak* ou *mairubaratzak)* et les menhirs (*jentillarriak*) sont situés en grande partie dans les lieux même où existent encore aujourd'hui des pâturages ainsi que dans les coteaux existants tout au long de l'itinéraire pastoral.

Avec les premiers froids de l'automne, qui présagent des prochaines chutes de neige, la disparition progressive de l'herbage et la mise à bas des brebis, les bergers et leurs troupeaux abandonnent la montagne jusqu'au printemps suivant ou descendent dans la vallée ou sur la côte par des chemins fixes appelés *artaldebideak* ou *altzubideak* (chemins de transhumance). À Gipuzkoa, ces chemins de transhumance qui ne sont aujourd'hui que rarement utilisés n'ont pas l'importance attribuée en Navarre au réseau de chemins ou dans d'autres pays comme la France avec les *drailles*[2] ou l'Espagne avec les *cañadas* ou *cabañeras* de la Mesta[3].

Des siècles durant, nos bergers ont suivi des itinéraires plus ou moins fixes à travers les montagnes, les passages et les cols pour arriver à l'endroit où ils allaient passer l'hiver. Le progrès technologique actuel joint aux moyens de communication par la route ont rendu presque impossible la circulation des troupeaux sur les routes sans courir et faire courir un grand risque. C'est pourquoi presque tous les bergers ont actuellement décidé de transporter leurs troupeaux dans des camions, tant pour monter dans les pâturages que pour descendre dans les prés en hiver. Cette méthode présente néanmoins des dangers et des difficultés, puisque, parfois, pour tenter de transporter le plus de têtes possibles à chaque voyage, certains animaux meurent d'asphyxie en chemin, à cause de la chaleur et de l'entassement excessif. D'autre part, certains bergers préfèrent de nos jours passer l'hiver dans un hangar situé au pied de la montagne dans le village même. De cette façon, au printemps, quand au début du mois de mai les troupeaux commencent à monter dans les pâturages pour manger les herbages de montagne pendant tout l'été, il n'y a plus de moutons pour animer de leurs bêlements et de leurs tintements les rues des villages par lesquels ils passent. Ils ne suscitent plus les commentaires interminables des voisins qui se regroupaient avant sur leur passage et discutaient de l'aspect du bétail, du nombre de têtes, de la qualité du pelage, des types de clochettes, etc. etc.

Voici certains des chemins qu'ont utilisés les bergers de Gipuzkoa pour se rendre aux fermes de Beterri et de Kostalde à Gipuzkoa et en Biscaye pour passer l'hiver :

Les bergers de la Malloak et du précipice de mines que l'on appelle zone *laiotza* ou *ospela* suivaient en général l'itinéraire suivant : de Amezketa par le quartier de Ugarte à Bedaio et Gurdilleko Lepo ils descendaient dans la vallée de Araitz par Azkarate jusqu'à Arribe. De ce point, ils montaient par Ulangate, au mont Uli de Berastegi, au col de Belabieta, aux fermes de Amasa et de là ils descendaient jusqu'à Andoian. De ce village et par Berrospe, en suivant la route de Urnieta, Hernani et Astigarraga. À Ventas de Astigarraga, le chemin se sépare en plusieurs bifurcations et quelques troupeaux se dirigeaient vers les fermes de Altza, Lezo, Errenteria, Oiartzun, Hondarribia ou Irun.

Nous pouvons citer un autre chemin important qui part du Aralar de Gipuzkoa et qu'utilisaient certains bergers de la zone de la *eutera* et centrale de la montagne. Ce chemin passe par Zaldibia, Ordizia, Arama, quartier de Berrostegi. De là, les bergers montaient aux environs de Santa Marina de Argisiain et arrivaient au croisement de Santutxo à Albiztur, où ils faisaient une halte. Ils se rendaient ensuite avec les troupeaux à Bidania, montaient par la face sud de l'Ernio, traversaient ce massif par le col de Zelatun et continuaient jusqu'à l'auberge de Iturriots et au sommet de Andazarrate. À ce point le chemin se sépare en plusieurs bifurcations : l'une vers la zone de Asteasu, Zizurkil, Aduna, Zubieta, Lasarte et Usurbil, et l'autre vers la zone de Aia, Aizarnazabal, Zestoa, Aizarna, Zarautz et Getaria.

Par ailleurs, les bergers de Altzania et d'Aizkorri descendaient traditionnellement avec leurs troupeaux jusqu'à la zone de Biscaye. Ils restaient pendant l'hiver dans une ferme de la vallée de Asua, de Mungia ou dans des villages de la vallée de Gernika. Sur les marchés de beaucoup de ces villages, les bergers vendaient des fromages frais de brebis qui étaient très recherchés et qu'ils ont dû maintenant arrêter de produire à cause des exigences sanitaires.

Les pâturages communaux

En d'autres temps, les terres appartenaient généralement à la commune ; les habitants du village pouvaient donc en disposer et les utiliser librement. Il existe encore de nos jours certains lieux qui remplissent cette fonction. Ce sont les pâturages communaux qui sont situés dans les massifs montagneux et sont soumis à une réglementation qui détermine les conditions de leur utilisation.

Au Pays Basque, plusieurs territoires peuvent être librement utilisés par les habitants des villages qui en ont la jouissance. C'est le cas à Gipuzkoa de la *Unión de Enirio Aralar* autrefois appelée *Bozue Mayor* et *Bozue Menor* et la *Parzonería General* de Araba et Gipuzkoa. Peuvent en profiter les habitants des villages de Amezketa, Abaltzisketa, Orendain, Baliarrain et Ikaztegieta qui composent le Bozue Mayor et ceux de Ordizia, Altzaga, Arama, Ataun, Beasain, Itsasondo, Gaintza, Lazkao Legorreta et Zaldibia qui forment le Bozue Menor.

Le siège, le secrétariat permanent ainsi que l'administration et les archives sont situés dans la Mairie de Ordizia.

Ces terrains communaux ont une superficie de 1.757 hectares. L'origine de cette communauté de pâturages remonte à la donation qu'en fit Henri III en 1400 en faveur de Juan de Amezketa, qui, à son tour, les céda et les transféra aux villages cités en vertu d'un acte passé le 14 Novembre devant le secrétaire de mairie de Villafranca de Ordizia M. Martin Ibañes de Aramburu.

Les habitants ont le droit de faire paître librement leurs troupeaux sur les monts de Aralar, ainsi que d'utiliser librement l'eau et le bois à terre pour les foyers des huttes. Ils peuvent aussi utiliser le bois pour réparer ou construire la *txabola* après que le garde forestier ait marqué les arbres. Actuellement, il faut s'acquitter d'une redevance pour chaque tête de petit ou de gros bétail ainsi que pour l'usufruit de la cabane et de ses annexes.

La Parzonería General de Alava et de Gipuzkoa à Altzania, située dans la partie sud de la province, comprend entre autres le massif de Aizkorri, et les zones de San Adrian, Urdalur, Iramendi, Oltze, Laskolatza, Arbelar et Urbia entre autres. Elle s'étend sur 3.716 hectares, et les habitants qui peuvent librement faire paître leurs troupeaux et jouir de l'eau et du bois sont ceux des villages de Idiazabal, Segura, Zerain et Zegama à Gipuzkoa, des villages des vallées de Asparrena et de San Millan pour Alava. Une partie de ces terres, 640 hectares exactement, forme ce que l'on nomme *Parzoneria Txikia* ou *Komun Txikia*. Cette part est destinée à l'usage et à la jouissance exclusif des habitants de Idiazabal, Segura, Zegama et Zerain. Le siège des ces deux Parzonerias ainsi que leurs archives sont situés de manière permanente dans la Mairie de Segura.

Bergeries, sels[4] et constructions pastorales

La bergerie est le lieu où le bétail se repose ou dort pendant la nuit. C'est aussi le lieu dans lequel se trouvent les huttes ou *txabolak* où habitent temporairement les bergers depuis le printemps jusqu'à la fin de l'automne dans les pâturages de montagne.

En langue basque, selon les régions, la bergerie reçoit plusieurs noms différents : *saroia, sarobea, sarea, gorta, korta, cayolar, cujala*, etc.

Les bergeries sont d'ordinaire situées dans des parties à l'abri du vent, dans un petit thalweg, une cuvette ou au pied d'un petit rocher, etc. Une *saroia* typique est en général composée d'une ou de plusieurs *txabolas* où habitent temporairement les bergers et de plusieurs bâtiments annexes, telles que la *arditegia* (construction pour abriter les moutons), une *baratzak* (jardin potager où les bergers cultivent certains légumes : poireaux, pommes de terre, laitues, carottes, ail, persil, choux, etc.), des *eskortak, jeiztokiak* ou *artizkunak*, l'étable pour traire les brebis. Ces bâtiments sont normalement construits en pierre, et clos par des branches de végétaux entrelacées *egur esie* ou par de simples palissades de bois ; à côté de la hutte et de l'étable, on trouve plusieurs niches pour les chiens : *txakurtokiak*. On peut parfois aussi trouver d'autres constructions telles que le *oilotegi* (poulailler), *txerritegi* (porcherie pour les cochons), *eillorrak* ou *illorak* (constructions très rudimentaires couvertes d'une épaisse couche de fougères disposée à deux eaux), ainsi que d'un grand mur d'enceinte en pierre pour enfermer le bétail pendant la nuit pour le protéger des attaques éventuelles de loups. Cet ensemble clôturé est appelé *gausarea*. On y trouve, ainsi qu'aux environs de la bergerie, de nombreux frênes, ainsi que d'autres espèces d'arbres telles que les hêtres (*pagoak*), et les aubépines (*elorriak*) qui procurent de la fraîcheur et beaucoup d'ombre ; c'est un des endroits préférés du troupeau de moutons pour se reposer au frais quand le soleil est très fort en été. Ces lieux dans lesquels se réfugie le bétail lors des grandes chaleurs sont appelés *abarolekue*. Par ailleurs, les frênes (*lizarrak*) sont taillés tous les deux ans et leurs branches et feuilles sont utilisées pour suralimenter les moutons pendant la montée à l'époque estivale. À cause de cette taille continuelle, les frênes acquièrent une forme particulière, avec de grands noeuds d'où partent les nouvelles branches qui sont périodiquement taillées. Avec les tiges dépouillées de feuilles, qui ont été consommées par les moutons, le berger répare les fermetures des bâtiments en entrelaçant les branches (*egur-esie*).

On trouve en général tout près de la bergerie une fontaine ou une source qui ont souvent un débit ridiculement faible en été. Il est donc nécessaire de faire quelques travaux de mise en condition pour s'en servir comme abreuvoir et source d'eau potable, ainsi que pour éviter que cette eau si rare se perde. De toutes les manières, le travail quotidien qui consiste à apporter de l'eau à la hutte avec une *udeta makilla* était un travail difficile et pénible. C'est sans aucun doute la raison pour laquelle il y a quelques années on a réalisé dans les pâturages communaux des travaux d'approvisionnement en eau courante jusqu'aux *txabolas* et aux abreuvoirs au moyen de tuyaux PVC qui amènent le liquide de la source ou du réservoir jusqu'à la hutte. Dans certaines régions, pour pallier cette carence, les bergers placent sous les auvents des cabanes plusieurs bidons ou construisent un petit réservoir adossé qui se remplit avec les eaux recueillies dans les gouttières du toit ; l'eau est ensuite utilisée pour le lavage, la préparation des repas et le nettoyage des fromages.

Devant chaque hutte se trouve une pile de troncs, de branches *egurtegi* ou bûcher que le berger transforme peu à peu avec sa hache pour alimenter le *sutoki* ou *beko sue*, foyer bas ou *l'économique* (sorte de cuisinière).

Sel équivaut à *saroia* ou bergerie ; c'est par définition un terrain dans une zone de pâturage où le bétail se réfugie et se repose, à côté de la cabane du berger qui les garde. Ces parcelles de terrain ont en général une forme ronde, même si dans la région atlantique de la Navarre il est possible d'en trouver des rectangulaires ou carrées. Les *seles*, selon Pedro Bernardo Villareal de Berriz 1736[5] peuvent être d'hiver ou *korta osoa* avec un demi-diamètre de 126 stades ou brasses du foyer en pierre ou *auts arria* à n'importe quelle partie de la circonférence pour les grands et de 84 pour les petits. «La pierre du foyer s'appelle en langue basque *Auts arria*, il semble que cela signifie Pierre de la cendre, sans doute parce que nos premiers Pères faisaient du feu sur cette pierre lorsque paissait leur Bétail, et la loi ou la coutume voulait qu'aucun autre berger ne s'approche de ce lieu». En Biscaye, le *sel* grand appelé *korta osoa* ou *korta nagusi* avait 247 mètres de rayon à partir du centre où se trouvait la *austarria* et 122 mètres de rayon et le petit appelé *korta txikia* ou *korta erdia* avait 122 mètres. À

Gipuzkoa, selon le Fuero[6] titre XX, Chapitre III au sujet des poids et des mesures dit :

«... Nous ordonnons que sur tout son territoire (le territoire de la province), il y ait un 'sel' commun sur le bord et dans la circonférence soixante-douze 'goravillas'[7] de sept stades ou brasses chacune, et les mesurer avec une cordelette de douze 'goravillas" tirée depuis la borne».

La cabane dans laquelle vit le berger dans les pâturages de montagne reçoit à Gipuzkoa, entres autres, les noms de *txabola, txabolie, etxola, etxabola* ou *artzai txabola.*

Nous pourrions décrire la *txabola* typique de la manière suivante : construction de base rectangulaire dont les côtés extérieurs mesurent environ 9/11 x 4/5 mètres. Formée d'épais murs de bloc de gravats à sec de 60 à 75 cm d'épaisseur, dans lesquels les trous laissés entre les blocs sont remplis de boue et de mousse pour éviter le plus possible l'entrée d'air à l'intérieur. Les murs intérieurs et extérieurs étaient parfois ravalés à la chaux, qui à l'intérieur devient rapidement noire à cause de la fumée. Sol en terre damée, dans certains cas parties recouvertes de plancher, sols en béton pour les plus modernes et en granito et avec des dalles naturelles de *in situ* pour les vieux spécimens. Absence de fenêtres et de cheminée. Poutre maîtresse ou du faîtage, disposée perpendiculairement à la façade principale, où se trouve la porte d'entrée. Toit à deux versants avec une inclinaison faible réalisé avec des tuiles nonnes ou cornicières qui repose sur une couche de *zoiek* ou *zotalak* qui sert d'isolant thermique. Cette couche repose sur une tablette de fer clouée aux chevrons (*kapirioak*) disposés en sous-faîte ou simplement, pour les modèles les plus archaïques, à une série de chevrons disposés aussi en sous-faîte les uns à côté des autres sans laisse d'espace entre eux. Ces chevrons ne sont souvent que de simples troncs de hêtres ouverts dans le sens de la longueur avec une coin fendeur et une hache qui forment des demi-fûts réalisés sans aucun équerrage.

Jusqu'en 1936, les Ordonnances des pâturages communaux interdisaient de recouvrir les cabanes pastorales de tuiles, puisque comme chacun le sait la tuile est au Pays Basque un symbole de propriété ; et les huttes étaient souvent situées dans des pâturages communaux ; le berger n'a que l'usufruit de la hutte, des constructions annexes et des pacages.

Sur la tuile, on disposait en général une file de pierres, disposées sur toute la circonférence, et, dans certains cas, une couche de pierres sur les tuiles pour éviter que les vents violents ne les déplacent. Les tuiles utilisées et abandonnées depuis peu étaient des tuiles de type nonne ou cornicières, fabriquées à la main dans des tuileries. On a ensuite utilisé pour le toit des tuiles céramiques fabriquées en usine, et, enfin des nouveaux modèles de tuile à chevauchement qui résistent mieux aux vents.

L'intérieur de la hutte traditionnelle est en général divisée en trois espaces. Le premier d'entre eux, à côté de la porte d'entrée, est appelé *estalpea* ou *txapitola.* À côté de l'entrée et adossé au mur se trouve le foyer appelé *beko sue* ou *sutoki.* Dans cet espace sont rangés les ustensiles de cuisine et ceux utilisés pour la fabrication des fromages, ainsi que quelques modestes meubles, tels qu'une petite table, et deux ou trois tabourets (*aulkiak*). Le second espace, auquel on accède par une porte basse et étroite, communique avec la *kaamaña,* où se trouve la couche du berger. Il y a 30 ans, on trouvait encore certaines huttes dont la couche était faite d'une épaisse couche de bruyère. On trouve dans cette pièce obscure une *kutxa* ou malle où sont gardés quelques affaires et quelques vêtements. Les victuailles (chorizos, viande séchée, pain, etc.) sont en général pendues à un crochet ou *kakua,* hors de portée des dents des rongeurs qui abondent aux alentours.

Sur des étagères pendues aux chevrons, sur les murs latéraux en dessous du toit ou dans des orifices ouverts dans les murs de cette pièce, le berger entrepose son petit trousseau personnel, les outils et les boîtes de conserve qu'il utilise actuellement pour préparer ses repas. Parfois, à cet endroit et adossé au mur en face de celui où est placée la couche, on peut voir un autre foyer (*beko sue* ou *sutoki*) qui servait à chauffer la pièce lors des froides nuits de printemps ou d'automne, ainsi que pour fumer les fromages que l'on disposait alors sur de grandes étagères sous le toit.

Le troisième espace est en général très réduit et séparé de l'espace précédent par une cloison, dans d'autres cas par une fermeture en planches ou, pour les anciens modèles, par un espèce de paravent fait de tiges de noisetier ou de frêne entrelacées qui était parfois recouvertes d'un mortier pauvre. Cette petite pièce connue sous le nom de *gaztategi, gaztandegi* ou *gaztanetxea* a en général une petite ouverture dans la façade nord qui s'ouvre pour que les fromages entreposés là sèchent et s'affinent à une température plus ou moins constante de 10 à 12°C et avec un taux d'humidité très élevé. Les fromages sont à cet endroit conservés sur des étagères en planches longues et étroites, appelées *gaztanolak.* On y conserve aussi le stock de saumure pour saler les fromages, plusieurs grandes carafes d'eau et d'autres avec du vin, ainsi que quelques pièges à rats à écrasement (*satolak*) et à ressort, ainsi que des appâts empoisonnés pour combattre les rongeurs (rats de montagne, musaraignes, loirs, etc.) qui à la moindre occasion peuvent faire beaucoup de dégâts dans les fromages.

Pour obtenir un séchage et un affinage uniformes, le berger doit périodiquement retourner les fromages placés sur les étagères, pour qu'ils moisissent sur les deux faces.

La façade principale des *txabolas* dans laquelle est ouverte la porte d'entrée est en général orientée vers le deuxième quadrant, c'est à dire entre l'Est et le Sud. Sur la façade principale et sur celle qui ferme l'accès de la *estalpea* à la *kaamaña* (pièce avec la couche), sur le battant de la porte, les montants et l'accrochage du linteau, on peut voir des croix de laurier béni (*erramu gurutzeak*), des branches de frênes (*lizar adarrak*) ou d'aubépine blanche (*elorri gurutzeak*), ainsi que des médailles, des croix métalliques, des images saintes et des fleurs de chardon (*eguzki loreak* ou *sorgin kontra*). Ces éléments à la fois magiques et religieux[8] sont placés par les bergers tous les ans lorsqu'ils montent au printemps, pour protéger la cabane, ses habitants et le bétail contre tous types de maléfices et de malheurs (foudre, incendies, maladies, mauvais oeil, etc.).

Conduite du bétail en été et en hiver

Les bergers montent avec leurs troupeaux dans les pâturages de montagne de la région de Gipuzkoa au début du mois de mai, quand la neige commence a quitter les sommets et que l'herbe (pacage) commence à pousser. Les bergers et le bétail restent dans les bergeries des pâturages de montagne jusqu'aux premières neiges de la fin de l'automne qui présagent de l'arrivée de l'hiver dur et relativement court et de l'épuisement des pacages.

Au printemps et en été, le berger se lève très tôt et rapidement, avec l'aide de l'un de ses chiens, se rend dans la montagne où trouve sur la *txabola.* Là, il regroupe et conduit les moutons à la *eskorta* (bercail). Dans le bercail, il trait les brebis une à une : il se place à l'arrière de la brebis et tient entre ses jambes accroupies un récipient cylindrique en métal appelé marmite. Actuellement, la plupart des bergers ont un tiroir - cage muni d'une ouverture avec un levier et un tabouret pour s'asseoir, ce qui facilite un peu le travail de traite. Le berger filtre le lait dans un entonnoir métallique dans lequel à chaque traite il introduit une branche de *asunek* ou *osiñak* (orties) qui font office de filtre. Pendant le processus de filtrage et lorsque le lait est tiède, il ajoute un peu de présure naturelle ou non. Pendant que le lait caille, c'est à dire 45 à 60 minutes, le berger retourne les fromages dans le *gaztategi,* il sort les fromages de la veille de la presse et les met pour quelques heures dans la saumure. Pendant ce temps il prépare une collation et, après avoir fait les fromages, fait sortir le *artalde* (troupeau) et le conduit à la *andada,* où il reste paître pendant toute la journée. À la tombée de la nuit, le berger remonte pour aller chercher le troupeau et recommence la traite dans le bercail, et la préparation des fromages.

Il revient à la hutte, l'arrange, construit une fermeture, soigne quelques moutons malades, s'occupe du poulailler, travaille un peu dans le jardin potager, etc. Il prépare ensuite son repas (haricots secs, *porrupatatak*[9], viande séchée, oeufs avec du lard ou du chorizo, etc.). Après manger il fait une petite sieste jusqu'à cinq heures de l'après-midi, moment où il sort chercher le troupeau, il le regroupe dans le bercail et le traie, il fait le fromage, dîne, écoute les informations à la radio et se couche vers 23h30.

Dans les bergeries qui n'ont pas encore d'installation d'eau jusqu'à la *txabola*, il est nécessaire de l'apporter de la source qui dans certains cas se trouve à une distance considérable.

Certains bergers peu nombreux, à leurs instants perdus à la fin de l'été, ont l'habitude de carder et de filer une petite partie de la laine de leurs moutons qu'ils ont préalablement lavée avec soin et laissée sécher à l'air libre sur une touffe d'herbe ou sur la porte de la *eguresie*. Pour alléger la laine et la rendre spongieuse, ils utilisent les *kardak* en opposition et ils la filent ensuite avec un instrument appelé *maatilla* ou *txaratilla*. Cet instrument composé de deux cônes opposés par leurs sommets qui ressemble à un diabolo est en général fait de bois lourd et compact comme le bois d'if (*agiña*), de chêne (*aritza*), de chêne vert (*artea*) ou de buis (*ezpela*). En travers de la partie la plus étranglée de la pièce se trouve une petit *kakua* (crochet) où on accroche quelques poils de la touffe de laine. On tient celle-ci de la main gauche, on pend aux poils le *txartilla*, le tenseur, auquel on imprime un rapide mouvement de rotation. Ceci permet aux fibres de se tordre pendant que se forme la *artillea* (fil de laine). Quand la *txaratilla* est proche du sol, on recueille la laine faite en l'entourant sur le même instrument. On continue ainsi jusqu'à obtenir une pelote. Avec plusieurs pelotes, le berger tricote ensuite les chaussettes de *artillea* en passant le fil au-dessus de la tête avec quatre aiguilles, qu'il fabriquait lui-même antan avec du bois de bruyère. En plus des chaussettes, les bergers avaient aussi l'habitude de tricoter des vestes *elastikoak* et des *traiak* (cordons de laine noire pour attacher les *abarkak*, faites auparavant de cuir brut de bovin, de nos jours en élastique). Le berger avait l'habitude de ranger les pelotes de *artillea*, les aiguilles (*orratzak*) et la laine cardée dans un sac rectangulaire, en peau d'agneau sans laine et non tannée connue sous le nom de *albazorroa*.

En d'autres occasions, les bergers préparent des enceintes en bois avec des verges entrelacées. Ils font de la corde avec le crin de cheval tordu et tressé en plusieurs bouts. Ils appellent cette corde *zure-sokea* ;elle est très appréciée pour sa résistance et sa durabilité, puisqu'ils l'utilisent pour accrocher les charges que portent les ânes et les montures dans les paniers (*asto / behorotarrak*) ou dans les *artolak* ou *kakolak* sur le bât.

Encore de nos jours, dans des zones où la *saroia* est difficilement accessible, le berger utilise des juments, des ânes et des mulets pour monter à la cabane les ustensiles (*trastoak*) et les aliments ainsi que les vêtements. Ils utilisent le même moyen pour apporter les agneaux chez le boucher et pour aller vendre au marché les fromages secs.

D'autres, pendant leurs heures libres en été, font des colliers en bois permettant de suspendre les clochettes que portent certains animaux qui paissent en liberté dans la montagne. Ils sont en général en bois de frênes ou de châtaignier, même si on en a vu dernièrement en cuir, en toile encollée et en plastique. Selon l'animal qui va les porter, ils ont des tailles, des largeurs et des systèmes de fermeture différents. La typologie et la décoration externe peut être soit géométrique, plate, gravée ou pyrogravée en fonction de l'habileté du berger artisan. Ceux qu'utilisent les moutons sont appelés *ardi uztaiak*, ceux des vaches *behi uztaiak* et ceux des juments *behor uztaiak*. Parfois encore, c'est le berger lui-même qui achète à la foire, au marché, dans un magasin spécialisé ou à un artisan (*uztaigille*) les colliers dont il aura besoin pour la saison, lorsque certains se sont cassés ou ont été perdus, avec les clochettes. D'autres encore peuvent avoir besoin d'être remplacés parce qu'ils sont usés ou parce qu'ils blessent les animaux au cou.

D'autre part, ils font aussi des battants de cloches (*mingañak*), qui signifie littéralement *langue* pour que les clochettes *parlent*, sonnent, à l'aide de bouts de cornes de bovin. Ils fabriquent aussi plusieurs baguettes de bois de noisetier blanc (*urritza*) qu'ils utilisent tous les jours, et d'autres avec une petite courroie en cuir attachée à une des extrémités qu'ils utilisent pendant la petite transhumance, tant à la montée qu'à la descente.

Pendant l'hiver, alors que les troupeaux sont dans les bas pâturages du *kostalde*, sur la côte, *beterri* ou *goierri*, le travail du berger est très pénible. C'est ce qu'affirme un proverbe castillan : «De mai à la Saint Michel, je veux être berger : de la Saint Michel à mai, que les garde leur maître...» qui, même s'il fait référence aux bergers salariés, ce qui est la règle là-bas, nous sert à expliquer la vie dure et difficile des bergers en hiver comparé à l'allégresse de l'été (ils ont fini de faire des fromages, et n'ont plus qu'à s'occuper des brebis). Nombre de nos bergers, sont en général très mal logés dans des fermes et des cabanes inhabitées. D'autre part, ces constructions sont en général très mal équipées. Parfois l'étable est beaucoup plus petite que ce qui est normalement nécessaire pour héberger la quantité de moutons que possède à cet instant chaque berger. Les animaux sont entassés, le fumier ne peut pas être bien dégagé, et le berger entasse couche après couche la paille qu'il ajoute périodiquement sur le sol de l'étable. Ceci réduit le volume du local où il se produit en plus une grande quantité d'ammoniaque par fermentation. Tout cela est gravement préjudiciable pour la qualité de vie des personnes et des animaux qui se trouvent dans une ambiance insalubre et donc dans une situation idéale pour développer tous types d'éléments pathogènes pouvant infecter le troupeau. Cette série de facteurs peut produire, entre autres choses, des chutes de laine, des fausses couches, des fièvres, etc. qui font baisser la production de lait et la productivité du troupeau.

Il faut encore ajouter à tout ceci les coûts très élevés de location des fermes et des prairies que le berger loue pour l'alimentation de son troupeau. Plus encore, l'époque du début de l'hiver est le moment de mise à bas des brebis ; il est souvent nécessaire de les aider pendant toute la journée quand elles mettent bas et de suivre continuellement les agneaux (*arkumeak, axuriak*).

Pendant la journée, il faut surveiller l'état des herbages et s'assurer que les moutons ne s'introduisent pas pour brouter de l'herbe sur d'autres terres non louées. Pour ce faire, le berger surveille le troupeau et, si le domaine n'est pas fermé ou muré, il a recours à une méthode pratique et ingénieuse pour contrôler les brebis qui veulent pénétrer dans une autre parcelle. Le système est le suivant : dans un récipient à large ouverture, il met plusieurs excréments du chien qui s'occupe et surveille le troupeau, il y ajoute une bonne quantité d'eau, et remue avec un bâton jusqu'à obtenir une bouillie liquide. Il emporte ensuite le seau sur le terrain et asperge tout le périmètre de l'herbage loué au moyen d'un petit balai ou d'une simple branche d'arbre, en trempant constamment la balayette dans le liquide tout le long de la limite. Cette méthode simple à réaliser n'est ni très orthodoxe ni très hygiénique, mais c'est néanmoins un *remède miracle* puisque aucun mouton ne se risque à dépasser la ligne invisible. Il y a déjà de nombreuses années que l'on a remplacé cette méthode rudimentaire par des câbles pourvus d'un fil électrique dénudé accroché aux pieux par des matériaux isolants. La ligne est électrifiée au moyen d'une batterie qui alimente un transformateur produisant de l'énergie à faible intensité et au voltage important. Quand un animal, grand ou petit qui paît dans un endroit s'aventure à toucher le câble, il reçoit une secousse qui le fait rapidement revenir sur ses pas.

Après avoir enlevé les agneaux qu'il ne veut pas utiliser pour renouveler le troupeau, le berger commence à traire deux fois par jour les brebis qui n'ont plus de petits. Cette opération de sélection est faite aux mois de décembre et janvier et à condition que l'agneau ait atteint au moins 11 ou 12 kilos vif. Au moment de vendre les agneaux, de nombreux bergers se mettent d'accord avec les bouchers ou les employés des abattoirs pour garder les caillettes (*gatzagie, gatzarie*) ; en effet, une fois sèches, et après un traitement, elles lui serviront à fabriquer les fromages de la saison. Cette coutume de garder la caillette (*gatzagie*) est aussi suivie par les bergers et les fermiers qui possèdent des moutons dans leur ferme et qui sacrifient les agneaux chez eux.

La traite est faite deux fois par jour, le matin et en fin d'après-midi. Au début de la période de la traite, les brebis laitières produisent en moyenne plus d'un litre et demi par tête dans les deux traites. Plus les mois avancent, et plus les premiers jours du mois de mai s'approchent, et avec eux le moment où le berger se met en marche avec le troupeau pour monter dans les pâturages de montagne et y passer tout l'été, et moins les brebis produisent de lait, mais celui-ci est en revanche plus riche en graisse.

Avec ce lait, certains bergers font des fromages *gazta, gaztaia* et des fromages blancs caillés (*mamia, mamie* ou *gatzatue*), mais la plupart d'entre eux vendent le lait qu'ils recueillent aux coopératives fromagères, puisqu'ils n'ont personne pour les aider, et qu'ils ne disposent pas non plus des installations adéquates pour faire du fromage.

Sonnailles, marques et signes de propriété

On connaît au Pays Basque au moins depuis la romanisation les sonnailles et les clochettes de fer et de bronze *–tintinus–* qui étaient utilisées pour l'élevage et comme complément de costume à des fins tant fonctionnelles que magiques et prophylactiques.

Le mot cencerro (*sonnaille*) , d'origine onomatopéique peut-être empruntée du basque *zinzerri*, selon J. Corominas dans son *Diccionario Crítico Etimológico de la Lengua Castellana*, Madrid, 1954, affirme que nous devons la première mention de ce substantif à J. Rúiz en 1188. La sonnaille en général en Euskera reçoit plusieurs noms, en plus de ceux que nous avons cités précédemment : *arana, garea, farea*, et *joale* ou *yoale*.

La sonnaille est une clochette en tôle de fer recouverte de laiton, de bronze ou de cuivre, qui possède une anse extérieure pour pouvoir l'accrocher au cou de certains moutons, vaches, chevaux et chèvres. Elle possède dans sa partie intérieure un petit anneau d'où pend au moyen d'une courroie en peau attachée à l'intérieur un battant (*mingaña*) qui, en venant frapper sur les cloisons extérieures produit un son audible à distance. Les sonnailles ou clochettes peuvent avoir des tailles et des formes très diverses. Les sonnailles ont des noms différents selon leur taille et la région de fabrication de l'artisan. À Gipuzkoa jusqu'avant 1936, il y avait des artisans sonnailleurs ; le plus célèbre d'entre eux était celui du village de Alegia. C'est sûrement la raison pour laquelle on appelle de nos jours les habitants de ce village les *txintxarriak*. Ce siècle a vu au Pays Basque se succéder un grand nombre d'artisans sonnailleurs (*joaregilleak*) dans des villages comme : Zubieta, Ituren, Alegi, Garzain, Anzin, Sabando, Donazarre, Iturgoien, Nazar et dans le village béarnais de Nay. Il n'existe de nos jours plus que quelques sonnailleurs à Iturgoien, Epifanio, Lazkano. À Lekunberri, la famille Apezetxea qui est venue de Goizueta il y a 13 ans, avec l'atelier et la forge pour faire tous types de sonnailles qu'ils baignaient dans un bain électrolytique de cuivre ; ils fabriquent maintenant aussi quelques séries de sonnailles avec un bain traditionnel au four.

Hors du Pays Basque, dans le territoire voisin de Béarn, dans le village de Nay, proche de Pau, se trouve l'atelier de M. Maurice Daban qui représente la troisième génération de sonnailleurs et qui est spécialisé dans la fabrication de grandes sonnailles ventrues appelées *truque*, en Euskera *dunbak* ou *pulunpak*, comme celles qu'utilisent les *joaldunak* durant les carnavals de Ituren et Zubieta (Navarre).

Les diverses typologies de sonnailles utilisées à Gipuzkoa répondent essentiellement à trois formes, chacune d'entre elles différenciée par la taille que l'artisan classe par numéro. Ces types sont les suivants :

Zinzarria ou *txintarria* : sonnaille avec une légère forme de cloche ou cylindrique avec une ouverture arrondie qui s'accroche généralement aux moutons ou *arkumea* ou aux agnelets ou *bildotsa.*

Dunba : sonnaille au corps ventru ou en forme de marmite, à l'ouverture arrondie et étroite, que l'on accroche au cou des bons moutons et de ceux qui guident les troupeaux.

Kalaska : sonnaille à l'ouverture rectangulaire. Les petits modèles sont utilisés pour les moutons et les grands pour les vaches et les juments qui paissent dans la montagne.

Les bergers achètent les sonnailles dans les foires et sur les marchés pour remplacer celles qui sont abîmées ou perdues. Etant donné leur prix élevé, c'est un bien très précieux qui se transmet souvent de générations en générations. Lorsqu'il achète ou commande à l'artisan plusieurs sonnailles, le berger prend bien soin de les prendre toutes avec le même timbre, car il pourra ainsi les entendre et reconnaître ses moutons rapidement parmi d'autres quand le troupeau se trouvera dans le brouillard. C'est une habitude d'une telle importance que le célèbre anthropologue de Bergara T. de Aranzadi au début de ce siècle racontait qu'il s'était produit un litige entre deux bergers de Biscaye au sujet d'un vol de mouton. Le juge chargé de l'affaire, pour savoir de façon certaine à qui appartenait le mouton, convoqua plusieurs bergers de la région pour qu'ils écoutent le son de la clochette portée par le mouton en question et disent ainsi à qui l'animal appartenait.

Au-delà de ces aspects purement fonctionnels, l'utilisation de bonnes sonnailles et de bons colliers est aussi un motif d'orgueil pour le berger qui a plaisir à passer avec son troupeau dans les centres des villages, ou lorsqu'il se dirige au printemps vers la bergerie par le *ardibide* ou *artaldebide*. Il n'est d'ailleurs pas rare que certains bergers les amènent au forgeron ou *txintxargile* pour qu'il les répare et qu'il renforce les bords des ouvertures qui auraient pu rouiller ou se casser à cause de l'usure. Cela permet en même temps d'affiner le son de toutes les sonnailles.

Pour pouvoir reconnaître rapidement les moutons quand ils sont perdus et pour que l'opération de séparation des moutons soit plus rapide, les bergers ont coutume d'utiliser des techniques de reconnaissance de leur mouton. Ces techniques sont, entre autres : les marques et les signes sur les moutons.

La marque est en général de deux types. L'un deux, utilisé à Gipuzkoa, consiste à appliquer un trait de peinture de couleur, au moyen d'un simple bâton travaillé en forme de spatule rustique trempé dans de la peinture ou à marquer simplement avec une baguette spéciale toujours la même partie du corps (arrière, au garrot, etc). Cette opération est en général réalisée quelques jours après la tonte du bétail à la fin du printemps, sur les agneaux peu après leur naissance et sur les jeunes brebis qu'on ne peut pas encore traire. On marque aussi d'habitude les brebis dont la mise à bas a été retardé et qui dans la montagne nourrissent encore leurs agneaux, ainsi que les moutons qui reçoivent un traitement vétérinaire, pour pouvoir les distinguer rapidement. Pour ce faire, certains bergers nouent un bout de chiffon de couleur sur le flanc ou sur le garrot et d'autres marquent simplement cette partie avec de la boue ou des excréments.

Auparavant, les bergers d'ici et ceux des Pyrénées utilisaient pour ce travail des ocres et des hématites de fer pulvérisés et mélangés avec de la graisse, et marquaient le bétail à l'aide de ce mélange. Il semble que cette pratique est suivie au moins depuis l'Âge de Bronze ; en effet, on trouve sur plusieurs dolmens mis à jour des bouts d'hématites rouges présentant des marques d'usure à force d'avoir été utilisées.

Cette technique du trait ou du point fait avec des peintures de différentes couleurs est surtout utilisée dans la zone qu'occupent les moutons de race *latxa*. Toutefois, en ce qui concerne les moutons de race à poil ras, au Pays Basque, dans la partie sud de Álava et dans toute la Navarre, sauf dans la partie nord-ouest, avec des troupeaux en général beaucoup plus grands, les marques sont d'ordinaire faites en appliquant sur le corps du bétail, frais tondu, une marque au fer qui a été introduit dans de la poix et du brai chaud. Ces marques sont souvent l'initiale du nom de famille ou de la maison du propriétaire ou un signe que la maison utilise depuis toujours, signe reconnu par les bergers des alentours.

Ni le système de la peinture ni celui du brai ne sont recommandables, car au moment de la tonte, il est nécessaire de retirer cette touffe de laine peinte, ce qui réduit le poids total de laine. De nos jours cette considération n'a pas vraiment d'importance financière majeure, mais il y a 25 ans le kilo de laine tondue se payait à 116 pesetas d'alors.

Le signe est une autre manière d'identifier le bétail. La méthode consiste à pratiquer à l'aide de ciseaux, d'un couteau ou au fer rouge une ou plusieurs entailles sur les oreilles des moutons, des vaches, des chèvres, des chevaux et des juments. Ces signes se font de préférence quelques mois après la naissance de l'animal. Le berger prend bien soin de le réaliser durant les mois d'hiver, quand les mouches ne sont pas nombreuses, car il s'agit de pratiquer une entaille avec le couteau ou des ciseaux, entaille qui pourrait infecter l'oreille ou dans laquelle les mouches pourraient laisser leurs oeufs.

Ces signes peuvent prendre plusieurs formes, mais les plus communs sont appelés *laiategi* ou *laiatille, punta motza, burni zulo* ou *zulo, pikandea* ou *garranga, urkilloa* ou *mirabutzan.*

Laiatille ou *laiategi* consiste à pratiquer une entaille en angle droit sur l'oreille.

Akatsa est une petite entaille en forme de *V* sur le bord de l'oreille.

Punta motza est une entaille sur l'extrémité de l'oreille.

Burnizulo ou *zulo* est un orifice dans le centre de l'oreille. On le réalise à l'aide d'un emporte-pièce, ou bien, communément, au fer rouge qui perce l'oreille.

Pikandea ou *garranga.* Il s'agit d'une petite entaille pratiquée dans le bord de l'oreille.

Urkilloa ou *mirabuztuan* est un signe qui consiste en un *V* pratiqué sur l'extrémité de l'oreille, à l'aide de ciseaux ou d'un couteau. Le signe ressemble à la queue du milan, c'est pourquoi il reçoit le nom de la queue de ce rapace.

Avec ces méthodes de coupe, naturellement, il est possible d'utiliser de multiples combinaisons entre l'oreille droite et l'oreille gauche, et dans certains cas ces entailles peuvent avoir une double position sur chaque oreille, puisque qu'elles peuvent se faire sur la partie avant ou sur la partie arrière de l'oreille. De cette façon, chaque berger utilise un signe qui le distingue traditionnellement des autres. Ainsi, à titre d'exemple, nous dirons qu'alors qu'un berger applique à son bétail une *akatsa* sur la partie avant de l'oreille gauche, et un *burni zuloa* sur la droite, un autre fait un *laiategi* sur la partie arrière de l'oreille droite et un *urkilloa* sur l'oreille gauche. Tout ceci est parfait tant que le berger ne possède pas dans son troupeau des têtes achetées à d'autres bergers et qui, comme c'est la coutume, portent sur l'oreille le signe de leur propriétaire d'origine. Actuellement, en plus, chaque mouton a un badge (en plastique ou métallique) du contrôle sanitaire qui, parfois, lorsqu'il s'accroche dans des ronces ou des épines, peut produire une coupure sur l'oreille qui peut faire penser qu'il s'agit du signe appelé *pitzatue.* Depuis un certain temps, on voit parmi les jeunes bergers une tendance à abandonner la pratique traditionnelle du signe, puisque le badge sanitaire comporte déjà un numéro.

On peut observer dans la montagne du gros bétail comme des vaches, des juments qui, en plus d'avoir le badge d'identification sanitaire placé sur l'oreille portent un numéro qui indique leur rang dans le registre. Cette numérotation est faite en appliquant une marque avec une machine à numéroter automatique dans un récipient qui contient du nitrogène liquide. Cette opération est appliquée sur la croupe, la partie arrière, etc. de l'animal.

Systèmes de chasse traditionnelle

Nous pouvons dire aujourd'hui qu'il n'existe plus à Gipuzkoa et dans presque tout le Pays Basque de grandes bêtes nuisibles qui peuplaient jadis nos montagnes et bois et dont l'homme a été pendant des siècles l'impitoyable et implacable exterminateur. Les Ordonnances de Leintz Gatzaga (Salinas de Léniz) de 1548 nous indique cependant les faits suivants :

«Cette Ville est située dans la montagnes et entourée de monts dans lesquels se trouvent de nombreux LOUPS, OURS et RENARDS qui tuent et détruisent le bétail et les volailles des habitants de cette Ville. Nos ancêtres en leur temps et nous à présent avons eu l'habitude et la coutume de donner à tout habitant de cette Ville qui tuerait un ours, dans la juridiction de cette ville une récompense de mille maravédis, et à celui qui tuerait un loup dans cette juridiction une récompense de cinq cents maravédis...».

Même si le Fuero de Gipuzkoa ne fait aucune mention explicite au sujet de la chasse à l'ours, au loup et au renard, on trouve en revanche de nombreuses et fréquentes allusions au sujet tant dans le Fuero de Biscaye que dans le Libro de Leyes de las Cortes de Navarre. Le Fuero de Biscaye dans son Titre 31 parle de comment, où et de quelle manière il fallait chasser... «les habitants de Biscaye ont coutume de chasser les sangliers, les ours et autres gros gibiers dans leurs montagnes et leurs villages, où ils ont toujours eu l'habitude de chasser...» La Loi 60 des Cours de Navarre de 1743 et 1744 parle des chasseurs de loups et dit : «Que certaines personnes étrangères à ce Royaume et originaires des Royaumes voisins, et tout spécialement d'Aragon, s'introduisent ici et portent un loup mort ou la peau d'un loup». Ils parcourent ensuite tous les Villages et demandent une récompense pour le soulagement que procure aux propriétaires de petit et gros bétail l'extinction de ces animaux ; et les villages leur donnent une certaine somme, qu'ils font payer aux propriétaires... Cette loi indique plus loin : «..les (loups) apportés, ainsi que nous l'avons dit précédemment, sont morts hors de ce Royaume, et les chasseurs avec un seul loup ou avec sa peau, marchent pendant plusieurs mois, et même plusieurs années, errant dans tous les Lieux... nous supplions Votre Majesté de nous accorder par Loi que dans ce Royaume aucun étranger ne puisse vagabonder avec des loups morts, ni avec des peaux, en demandant de l'argent...».

Dans la Loi 33, livre V, titre VII de la Novísima Recopilación de Navarre - Récompense pour la mort d'un loup «... chapitre 10 Item, que pour chaque grand loup tué l'on paie six ducats et pour chaque louveteau deux ducats...».

Dans l'Accord du 20 janvier 1961 (J.O. 6 février numéro 16 - Règlement pour récompenser la chasse d'animaux dangereux. Les animaux dangereux au regard de ce règlement sont les suivants : Loup, renard, loutre, genette, chat sauvage, putois, belette, martre, fouine, blaireau, aigle royal, aigle de Bonelli, milan, faucon, autour, épervier, martin-chasseur, corbeau, crave, pie, serpent et lézard. Les primes pour la chasse ou la capture de certains de ces animaux sont les suivantes : Louve 2000 Ptas, Loup 1500, Loutre 300, Renarde 200, Renard 150, Chat sauvage 75 ... Lézard 4 pesetas. Dans de nombreux villages de Gipuzkoa, on peut trouver dans les comptes des entrées semblant correspondre à des paiements pour la chasse et la présentation des bêtes nuisibles ou d'une partie d'animal (pattes, tête, etc.).

Actuellement nous pouvons dire que le loup a disparu de Gipuzkoa et on peut entendre de temps en temps parler d'une attaque de loups ou de chiens errants qui causent de grands dégâts dans les bergeries. Une autre bête qui cause de grands problèmes aux bergers et qui abonde dans nos contrées est le renard (*Vulpes*

vulpes), en euskera *axari* ou *azari* qui tue une grande quantité d'agneaux et même de brebis, décime les poulaillers et est poursuivi pour cela par le berger. Pour éliminer ce fléau, les bergers avaient l'habitude d'avoir recours à d'habiles experts en animaux sauvages ou en renards (*axariarrapatzallea*). Ceci, parfois à l'aide de nombreux appâts à ressort et d'autres fois avec des appâts empoisonnés à la noix vomique, la strychnine, réussissaient à *nettoyer* les alentours de tous les renards et autres animaux. Ces garde-chasse exterminateurs faisaient ce travail en hiver quand il n'y avait pas de bétail dans la montagne et seulement après avoir reçu une note et un communiqué du Gouvernement Civil qui autorise la *chasse*. Le travail de ces chasseurs spéciaux dans la montagne était payé annuellement par chaque berger.

Dans les montagnes de Gipuzkoa, étaient célèbres les *azariarrapatzalleak* Borda de Azkarate dans la Vallée de Araitz et Sukia à Zaldibia.

À l'heure actuelle, et depuis quelques années dans la Communauté Autonome Basque et dans d'autres territoires, l'utilisation de ce poison est interdit, ainsi que l'utilisation de pièges, de collets, de boîtes et autres appareils, qui sont malgré tout toujours utilisés quoique de manière limitée, étant donnée leur interdiction.

L'utilisation de pièges empoisonnés à la strychnine est très dangereuse en raison des ravages qu'ils causent chez tous les animaux de la chaîne trophique et aussi du grave danger qu'elle fait courir aux personnes qui les manipulent et aux animaux domestiques qui peuvent accéder au piège, puisque ce poison est hautement mortel à petites doses.

Dans certaines régions, on utilise encore des systèmes traditionnels pour la chasse des *basurdeak* (sangliers), *azariak* (renards), *muxarrak* (loirs). Pour les sangliers et les renards, on utilise des collets en câble métallique placés sur les lieux de passage des animaux. D'autre part, pour les renards (*azkonarrak*), les blaireaux (*erbiñureak*) et les belettes, les bergers placent, en plus des pièges à ressort, la *azari kutxa* (boîte en bois pour attraper les bêtes dangereuses vivantes) dans le *azari zulo* ou terrier. Il enfument ensuite le terrier avec de la mousse pour obliger la bête à sortir et la capturer ainsi dans la boîte.

La bergerie et surtout la *txabola* a aussi d'autres *visiteurs* non grata que sont les souris de champs, les taupes, les loirs, et les belettes qui causent de grands dégâts dans les fromages en train de sécher dans le *gaztategi* ou fromagerie. Pour les éliminer, le berger utilise en général des pièges à écrasement, tels que les *satolak* ou *arrapaloak* ainsi que des raticides et des souricières de fabrication moderne.

Pour chasser des oiseaux, on utilise depuis des petits pièges à ressort jusqu'aux ingénieux systèmes pour attraper des petits oiseaux ; on place sur les pièges de petits grains de céréale, des assommoirs, des couvercles ou des tamis qui se maintiennent en équilibre instable au moyen d'un petit bout de bois qui les retient. Ce petit bout de bois est attaché à une cordelette que l'on tire quand les oiseaux sont en train de manger à l'intérieur du piège.

Il existe un autre système plus autonome qui consiste à placer un engin soutenu légèrement au moyen de petits bouts de bois portant de petites encoches et qui soutiennent l'appareil tant que le bout de bois ne bouge pas.

Artisanat et outils en rapport avec l'élevage

Parmi les outils qu'utilise le berger pour pouvoir exercer son activité, nous pouvons distinguer deux groupes. Le premier est composé des objets que le berger construit lui-même et l'autre de ceux qu'il doit acheter aux artisans spécialisés ou dans les magasins spéciaux.

Les outils du premier groupe, c'est à dire ceux fabriqués par le berger lui-même sont les suivants :

La *makilla*, bâton droit de 1,35 à 1,46 m de longueur, en général en bois de noisetier (*urritz makilla*), si possible à écorce blanche que porte le berger dans tous ses déplacements. Il lui sert d'appui durant ses marches quotidiennes à la recherche du troupeau, tant à la montée qu'à la descente, et il l'utilise aussi pour se reposer.

Le *latigoa*, muni d'une longue courroie en peau en guise de fouet. Le berger l'utilise surtout quand il se déplace au printemps lors de la montée ou de la descente avec le troupeau en automne. Il peut ainsi mieux conduire le troupeau dans les parties dangereuses des chemins et des routes.

La *udeta-makilla* ou *esne-makilla*. Il s'agit d'un gros bâton d'un mètre de long pour 4 centimètres de diamètres environ qui est en général en noisetier, en châtaignier ou en hêtre et qui comporte une encoche profonde à chaque extrémité. Les bergers l'utilisent pour porter sur l'épaule l'eau de la fontaine à la cabane dans deux marmites qui pendent accrochées aux encoches citées. Certains bergers qui traient leur bétail loin de la bergerie utilisaient aussi ce système pour descendre le lait jusqu'à la *txabola*. Comme beaucoup de bergers ont à présent l'eau dans la cabane même, cette curieuse méthode a été abandonnée.

Uztaiak ou colliers en bois pour accrocher la clochette au cou du bétail. Les bergers les fabriquent en général en bois, normalement de frêne, mais ils peuvent aussi être en châtaignier ou même en noisetier. Ils les accrochent en général au moyen de deux ou quatre entailles à chaque extrémité. Ils courbent la lame de bois et attachent chaque extrémité avec du fil de fer entouré. Lorsqu'ils sont bien secs, il peuvent être relâchés et on peut alors accrocher la clochette et placer l'ensemble au cou de l'animal. On fixe à nouveau les deux extrémités avec du fil de fer bien attaché et bien noué, pour éviter que le bétail ne se blesse ou qu'il ne reste emmêlé dans les ronces. Certains bergers ont l'habitude de décorer la partie extérieure du collier avec de simples dessins géométriques pyrogravés au fer rouge.

Le berger fabrique les colliers qu'il nécessite pour son troupeau durant les jours où il a moins de travail, mais il existe aussi des bergers qui en font des petits pour les moutons et des grands pour les vaches et les juments pour les vendre à la foire. Ces *behi uztaiak* ou *behor uztaiak* se font de plus en plus rares car ils ont été remplacés par d'autres matériaux comme le plastique, la courroie en cuir ou la grosse toile, qui sont en général plus durables.

Les battants pour que sonnent les clochettes sont en général fabriqués en corne de bovin, même si maintenant on peut les fabriquer et les acheter en barre calibrée en plastique.

Les éléments qui forment le mobilier d'une *txabola* sont souvent construits par le berger lui-même, avec les quelques outils dont il dispose dans la montagne. Ces outils consistent en général en la *trontza* (scie), *aizkora* (hache), *bueni ziriya* (coin), *esku zerra* (scie à main), *mallua* (marteau), *taratuloa* (trou de vrille), *trintxa* (ciseau à bois), *opatxurra* ou *zellua* (herminette à long manche), *birabirgiñe* (chignole), *tenaza*, *iltzeak* (clous), etc.

Avec ces outils, il fabrique des bancs rustiques à trois ou quatre pieds, des tables, des chaises avec l'assise en tiges de noisetier ou de châtaignier tressées. Il creuse des troncs de hêtre à l'aide d'une hache et de l'herminette pour les transformer en *txerri askak*, abreuvoirs, de plusieurs tailles. Ceux-ci sont utilisés pour donner du petit lait et des aliments avec lesquels ils engraissent un petit troupeau de porcs pendant l'époque de fabrication de fromages. Il fabriquent aussi avec la même technique des récipients pour garder le saumure avec lequel ils salent les fromages. Nous avons vu à certaines occasions des gouttières faites dans de grandes branches de hêtre creusés à la hache avec une section en *V* qui sont ensuite placées sur le bord du auvent de la cabane pour recueillir l'eau provenant du toit et la conduire à un réservoir.

Le berger peut aussi fabriquer le piège à écrasement appelé *satola* pour attraper des rongeurs, ainsi que le couteau en bois (*epaki* ou *txurka labana*) qu'il utilisait autrefois pour découper la masse de fromage frais appelé *maton* ou *matoia*.

Les berger fabriquent aussi d'autres éléments de la culture matérielle comme par exemple la *antzaia* qui consiste en un anneau ou un cerceau en bois qui est noué ensuite à l'extrémité d'une corde et qui, en le glissant par le trou du bâton, peut assurer et accrocher plus solidement les charges sur les bestiaux. Le *kako* ou crochet naturel que l'on peut voir dans presque toutes les cabanes est utilisé comme portemanteau ou pour accrocher les victuailles. Il est en général fabriqué à partir d'une fourche en hêtre. On trouve aussi les outils pour filer et tordre la laine et le crin de cheval, dont nous avons parlé précédemment.

Il y a d'autres éléments que le berger fabrique pour l'élaboration de fromage, dont : la *txurka*, qui est une longue planche de hêtre avec une série de rainures cannelées et d'orifices. Cet outil est placé en travers sur l'ouverture de la *abatsa* ou *apaz* (récipient autrefois en bois et maintenant en tôle de fer ou d'aluminium). On place sur cette planche rainurée les moules ou *zumitzek* pour faire le fromage.

La *malatxa* est un batteur rustique fait avec une branche mère de houx *gorostia* écorcé. On tord vers l'arrière les quatre ou cinq branches et on les accroche ensemble à l'aide d'une cordelette bien nouée sur la branche mère qui sert alors de manche.

Le *iristontzia* ou *iragazkie* qui est un entonnoir élémentaire fabriqué antan par les bergers avec l'écorce de bouleau plié en forme de cornet et fixé à un long bâton qui sert de poignée lorsque l'on filtre le lait à travers des feuilles d'orties introduites à l'intérieur. On a utilisé plus tard des entonnoirs faits en évidant un tronc de bois et plus récemment des entonnoirs en tôle étamée. On utilise maintenant des passoires en toile métallique d'acier inoxydable sur lesquels on place une gaze de toile comme matériel filtrant, qui retient les impuretés de matière solide en suspension.

En ce qui concerne les objets qui ont été utilisés dans le monde pastoral et qui furent construits par des artisans de Gipuzkoa jusqu'au premier tiers de ce siècle, il faut parler du métier de *kaikugille*. À Ataun, il y avait un dénommé Dorronsoro qui fabriquait des récipients en bois pour la traite et l'élaboration des fromages pour de nombreux bergers qui habitaient dans les bergeries d'été des Montagnes de Aralar, Altzania, Aizkorri et Zaraia. Actuellement, c'est dans le bassin du Baztan et du Bidassoa en Navarre qu'a le plus perduré l'existence de ces artisans singuliers qui fabriquent des récipients en bois ainsi que les bergers qui les utilisent.

Le *kaiku* est un récipient en bois d'une seule pièce qui était utilisée jusqu'à il y a peu par les bergers et les éleveurs pour traire principalement les brebis et les vaches ainsi que pour fabriquer la caillette, qui s'appelle aussi *gatzatue*, *mamia* ou *gaztanbera*. Les caractéristiques les plus originales de ce récipient singulier, unique en Eurasie en ce qui concerne sa forme sont les suivantes : terrine monoxyle, réalisé en creusant un tronc généralement en bouleau, mais qui a aussi parfois été fabriqué en bois d'aulne, de tilleul et de noyer.

Il a généralement une forme légèrement conique et un axe incliné. Il possède dans la partie supérieure une anse ou poignée normalement surélevée par rapport à la bouche et qui avance en direction radiale horizontalement vers l'intérieur du récipient. De cette manière, on tenant le récipient par l'extrémité proéminente, il est possible de maintenir d'une seule main la vasque pleine, qui contient 6 / 7 litres de lait.

Ce pot, bien qu'en bois, n'en est pas moins pratique puisque si l'on prend soin de le garder à l'abri de brusques changements d'humidité, il se conserve en parfaites conditions sans se fendre ; au contraire, s'il passe d'un endroit humide à un endroit sec, ou s'il est exposé de manière prolongée à une source de chaleur, brusquement, le *kaiku* se fend et il devient alors nécessaire de le reboucher ou de le coudre avec des agrafes. Le kaiku est un récipient en bois qui résiste mieux que d'autres matériaux (récipients en céramique) aux petits coups qu'il peut recevoir pendant son utilisation dans les travaux quotidiens de traite et de fabrication de la caillette, comme lors des transports périodiques des instruments, etc.

On utilisait aussi le *kaiku*, outre pour la traite, pour cuire ou réchauffer le lait et le petit-lait grâce à des pierres brûlantes que l'on introduisait dans le liquide au moyen de pinces en fer ou de *matxardak* (pinces en bois similaires à celles que l'on utilise pour ramasser les châtaignes dans la montagne lorsqu'elles sont encore protégées par la bogue *morkotza*). De cette manière, le liquide bout immédiatement.

Les pierres utilisées pour réchauffer indirectement le lait étaient en général des galets d'ophite ou de grès durs capables de résister aux brusques et continus changements de température sans éclater ni s'effriter. C'est la raison pour laquelle il n'est pas recommandé d'utiliser des pierres calcaires pour cet usage car elles pourraient éclater lorsqu'elles sont placées à chauffer dans les braises du *sutoki* (foyer bas). Ces pierres utilisées pour cette opération vraisemblablement d'origine préhistorique reçoivent entres autres les noms de : *kaikuarri*, *txukunarri*, *esnearri*, *kararri* et *burdinarri*.

À côté de ce récipient singulier, on en a aussi utilisé d'autres tels que la *abatsa* ou *apatza*, l'*apazko txikie* et la *oporra*, les *txalie*.

La *abatsa* ou *apatza* est un récipient en bois fabriqué à partir d'un seul tronc de bouleau dont l'intérieur a été creusé avec des outils à main adaptés et qui peut contenir jusqu'à 25 - 30 litres de liquide. Il a une forme conique et possède dans sa partie extérieure deux anses diamétralement opposées. Il était utilisé pour la fabrication des fromages.

L'*apazko txikie* et la *oporra* sont des bols en bois avec une seule anse dans la partie extérieure. Le premier est plus grand et certains bergers l'utilisaient jadis pour consommer les soupes de thalle au lait. Il peut contenir environ un demi litre de liquide. La *oporra* est un récipient qui ressemble au premier, mais plus petit. Je l'ai vue actuellement parfois utilisée par les fermiers pour conserver humides les chiffons qui servent à entourer les fromages pendant l'opération d'élaboration.

Enfin, les *txalie* étaient des assiettes en bois ressemblant à des écuelles qu'utilisaient autrefois les bergers pour manger. Les *ikazkiñak* (charbonniers) les utilisaient aussi.

La *talola* est un autre des composants du *trousseau* du berger dans la bergerie. Il s'agit d'une planche de forme circulaire avec une anse dans laquelle se préparaient les galettes de thalle. Nous pouvons aussi citer les cuillères en bois que l'on achetait en général à la foire. À Gipuzkoa, les couverts utilisés quotidiennement étaient souvent en étain ou en aluminium. Ils sont aujourd'hui en acier inoxydable, et l'utilisation du bois a été relégué à la fabrication des couverts pour la cuisine. Le couteau le plus utilisé a été et est toujours le canif que le berger utilise pour presque tout. Les plus appréciés sont ceux en acier de la marque française Opinel qui comportent un sens giratoire simple et sûr pour fixer la lame ouverte.

Vêtements, coutumes et traditions

Les vêtements utilisés par les bergers de Gipuzkoa ne diffèrent pas beaucoup de ceux portés par les fermiers, du moins en ce qui concerne ce siècle, à l'exception d'un vêtement : le *kapusai* ou *txartesa*.

Au premier tiers de ce siècle, les bergers des collines de Aralar, Aizkorri, Altzania, etc. utilisaient pour se protéger du froid, de la neige et de la pluie une cape faite en drap de laine marron foncé, avec de larges épaulettes, fermée sur le devant et avec une capuche.

Ils utilisaient aussi les *artillezko galtzardiak* (chaussettes en laine) qu'ils tricotaient eux-mêmes, tout comme les lacets (*abarka tallak*). Certains entouraient leurs pieds dans des pièces de tissu de laine qu'ils appelaient *mantarrak*. Ils portaient aux pieds des *abarbak* en cuir brut, utilisaient des pantalons en laine ou en bleu Bergara, noués par une large bande de tissu enroulée plusieurs fois autour de la ceinture. Cette bande était en général noire avec des franges à chaque extrémité et est connue sous le nom de *gerriko*. La *alkandora* ou chemise, le *elastiko* ou pull-over en laine, et la *txapela* ou béret noir à large bord était et est toujours l'ensemble vestimentaire du berger (*artzaia*). Pour emmener dans la montagne certaines victuailles et certains instruments à usage personnel, le berger avait coutume de porter une gibecière ou sac en peau de mouton qu'ils appelaient *albazorroa*.

Ce costume a aujourd'hui un peu changé puisque les sandales sont en caoutchouc et beaucoup utilisent des bottes. On n'utilise plus de *kapusai* qui a été remplacé par des vêtements, des vestes imperméables ou un anorak, des pantalons, des jeans ou une salopette, des chemises de flanelle à grands carreaux, des parapluies et un béret.

La vie des bergers dans les pâturages quand s'achève l'époque de fabrication des fromages est monotone et n'est interrompue que lors de la descente hebdomadaire à la foire ou lors des week-ends quand les parents, les amis et les montagnards montent dans la colline. Avec eux, le berger a ainsi une vie sociale plus intense s'il en faut, il peut échanger des nouvelles, écouter la radio ou la télévision, peut jouer quelques partie de mus[10], etc.

Au contraire, lorsque les bergers restaient dans la *txabola* sans descendre au village pendant de longs jours, ils avaient une coutume ludique qu'ils pratiquaient à leurs heures libres : celle de jouer à la pelote basque sur des terrains rectangulaires appelés *pelotalekue*. On peut toujours trouver ces terrains de jeu dans le mont de Aralar, à côté des bergeries de Medibil et Esnurreta sur la terre rase de Pikuta, ou de Pardeluts, aux environs de la source du même nom et non loin de la légendaire pierre de *Amabirgiñ Arrie* à la tête du précipice de Arritzaga. La légende raconte que la Vierge de Arantzazu mit le pied sur ce bloc de pierre et laissa pour toujours la marque de la plante du pied sur cette même pierre. Par la suite, sur une des facettes, on tailla une petite niche dans laquelle on plaça une sculpture de la Vierge. De nos jours, lorsqu'ils passent à cet endroit, les bergers, les éleveurs et les marcheurs ont l'habitude de prier et de laisser une offrande pour qu'ensuite le prêtre de San Miguel in excelsis ou le frère qui assiste les bergers pendant l'été dans la chapelle de Errenega célèbre avec ces honoraires des messes pour protéger les bergers et les troupeaux de la foudre, des orages, des épidémies et des maléfices dans la montagne,

Aux alentours de la terre de Alotza aussi, entre la bergerie de Elutsta et le mont Ganbo (1.427m), j'ai entendu parler de l'existence d'un autre *pelotalekue* et d'un monolithe - menhir couché et coupé en deux appelé *saltarri*. Les bergers racontent qu'autour de cette singulière pierre de plus de trois mètres de longueur ils se réunissaient pour faire des jeux et pour parier. Le basque, grand amateur de jeux de compétition, utilisait cette longue pierre de calcaire pour faire des paris : ils pariaient à qui pourrait sauter le plus haut par dessus à pieds joints dans le sens de la longueur.

D'autre part, dans la région de Aloña, Aizkorri et Altzania, il existe une habitude qui veut qu'un frère du Sanctuaire de Arantzazu accompagné d'un assistant monte dans la colline et parcourt une à une les cabanes des bergers ; dans chacune d'elle il bénit le troupeau, les pâturages, la *txabola* et les bergers. Ensuite, le père franciscain laisse en général une médaille ou une estampe que le berger cloue sur la porte de la *txabola*. Les bergers, de leur côté, offrent aux frères un petit fromage qu'ils appellent *praileko gaztaia*. Cette pratique était exécutée auparavant en général dans d'autres montagnes, comme Aralar, Ernio, etc. et pas seulement par les franciscains, puisque les passionistes et les capucins, etc. montaient aussi dans les cabanes.

Actuellement, le mercredi est un jour important, puisque c'est le jour où les bergers descendent pour vendre leurs produits, acheter des victuailles et des objets à la foire hebdomadaire de Ordizia : ils se retrouvent là-bas et avec d'autres bergers et d'autres éleveurs, ils déjeunent dans un des restaurants de la ville et en profitent pour se tenir au courant des nouvelles et des mouvements sur les achats et les ventes de troupeaux et en général sur tous les sujets intéressants du monde pastoral.

Il existe une autre coutume, qui était assez étendue antan et qui reflète à quel point le concept de solidarité est profondément ancré dans le monde rural basque en général et dans la communauté pastorale en particulier. Il s'agit de l'aide mutuelle appelée *bildots lorra*[11] déjà citée par J. Thalamás : lorsqu'il est arrivé malheur au troupeau d'un berger (épizootie, mort massive par la foudre, chute, attaque de loups, de chiens, etc.) ou qu'un jeune berger veut s'établir comme tel, il demande à chacun de ses voisins de lui donner un mouton grâce auxquels il pourra débuter une nouvelle exploitation.

Nous trouvons une coutume assez semblable lorsque un incendie dévaste une ferme et que les habitants n'ont pas assez d'argent pour remettre l'exploitation sur pied, ils ont recours à la solidarité des voisins des villages et des quartiers alentours, qui apportent de petites sommes d'argent, des matériaux, et font même une tombola avec un élément de base du développement agro-pastoral.

Pour protéger la *txabola*, la hutte et d'autres constructions annexes à la bergerie contre la foudre, les orages et les maléfices, les bergers ont l'habitude de placer à l'embrasure des portes et des fenêtre ainsi que dans les pierres des murs de petites croix faites en bois de laurier –*Laurel nobilis*– béni le jour des Rameaux. Certains bergers peuvent verser sur le tronc et les bras de ces croix plusieurs gouttes de *argizarie*, chandelle qui a été préalablement bénie le jour de la Chandeleur (le 2 février). D'aucuns disent que ceci rend le talisman très efficace pour protéger tout le troupeau des colères divines, étant donné que, selon la croyance, les bougies bénies ont de grands pouvoirs pour conjurer les éclairs et les orages. D'autres placent des branches de frêne (*lizarra*), des croix d'aubépine blanche (*elorri gurutzea*), des estampes et même des fleurs de cardon (*Carlina cynara*) ou de *Carlina acaulis* (*eguzki lore*) dans le même but.

Pour protéger le troupeau, le berger a l'habitude de conserver un ou deux moutons à la laine totalement noire car la croyance veut que cela éloigne du troupeau les maléfices et le mauvais oeil.

Dans le même but de protection, mais cette fois au moyen d'un mélange de magie et de religion, les bergers de Aralar, Entzia (Araba), Aizkorri et Altzania avaient l'habitude de placer dans certaines clochettes une feuille pliée en quatre avec une formule magique du rituel catholique romain pour invoquer la protection des animaux. Pour que ce talisman ne tombe pas de la clochette, il écrasaient et pliaient l'ouverture de la clochette qu'ils introduisaient ensuite dans un collier en bois (*uztaia*) pendue au cou d'un bon mouton du troupeau. Cet élément protecteur est connu comme *kuttune*. On peut obtenir ces formules dans la paroisse de Saint Jean Baptiste de Olaberria et avant, lorsqu'existait le couvent de soeurs cisterciennes de San Bernardo de Barria aux environs de Narbaxa, commune de Donemiliaga, celles-ci les envoyaient aux bergers qui le leur demandaient.

D'autre part, les bergers de Aralar n'avaient coutume ni de monter avec les troupeaux dans la montagne au printemps ni de descendre dans la vallée ou sur la côte pour passer l'hiver le vendredi, pour respecter le souvenir de la mort du Christ.

Il existe encore une coutume que pratique toujours les vieux bergers de Aralar : celle d'enlever les grandes clochettes pansues appelées *dunbak* aux bons moutons et à ceux qui jouent le rôle de guide en signe de deuil lorsque durant l'année il y a eu un décès dans la famille du berger. Il faut tenir compte du fait que c'est pour le berger un motif d'orgueil que de voir son troupeau propre, lustré lors de la petite transhumance ascendante ou descendante, et lorsque ses grandes clochettes résonnent dans les étroites rues des villages par lesquels il passe. Le fait de ne pas le faire est un signe de tristesse et de deuil : c'est ainsi que les habitants qui regardent le spectacle apprennent le deuil du berger.

Nous pouvons citer comme élément d'importance dans le monde pastoral les abondantes références qui existent dans le monde populaire sur les travaux et les produits réalisés par les bergers et sont en général repris dans la tradition orale au moyen des proverbes. Il est possible de trouver depuis très longtemps des listes de proverbes compilées et publiées qui traitent des bergers, des éleveurs et des fromages. Une de ces séries de parémiologie a été compilée et publiée par l'historien de Arrasate Esteban de Garibay y Zamalloa qui publia à Anvers en 1571 son ouvrage *Compendio historial de las chrónicas y universal historia de todos los reinos de España*. Il consigne dans ses *Memorias* qu'il avait envoyé deux collections de proverbes en langue basque à Juan de Idiaquez en 1596, dont l'une dit : *Arçaiac aserra çiteçen. Gastac aguiri çiteçen* (les berges se querellèrent et les fromages parurent), plus tard Lopez Martinez de Isasti, de Lezo, recueillit une autre variante qui est la suivante : *Unayac arritz citean, gastaac aguercitean* (les vachers se querellèrent et les fromages parurent). Il existe un proverbe semblable en castillan : *Les chevriers se querellent et on découvre les fromages.* Voici un autre proverbe de Garibay : *Ardi chipia, veti vildos* (petit mouton, toujours agneau). D'autres fois enfin les proverbes font référence au climat : *Martxo kaldartxo, ez ardi ez artantxo* (mars traître, ni brebis ni agneau).

Médecine vétérinaire et médecine populaire

Le berger a été de tous temps réticent à utiliser les services médicaux et vétérinaires ; il croit en effet qu'il possède avec son expérience une grande somme de connaissances populaires transmises par tradition orale. Ce n'est donc que quand les choses se compliquent vraiment qu'il a recours aux services officiels.

Par ailleurs, les grandes distances, les mauvais et trop rares systèmes de communication qui existaient dans la montagne jadis, le prix des services médicaux et vétérinaires en l'absence de Sécurité Sociale ou de mutuelle vétérinaire, joints à un niveau d'inculture, de méfiance et problèmes de communication en raison de la langue ont fait que ce groupe social continue à utiliser des formules de la pharmacie et de la médecine vétérinaire populaires.

Je me souviens maintenant d'un berger de la montagne de Aralar que j'avais interviewé il y a plus de 35 ans. Je l'ai trouvé un jour à cette époque dans sa *txabola* ;il était devenu borgne à cause de l'explosion de la lampe à huile à carbure avec laquelle il éclairait sa cabane. Il y avait déjà plusieurs jours que ce brave homme avait eu cet accident et la seule chose qu'il avait faite avait été de nettoyer la blessure de son oeil avec une infusion de camomille. Il n'était pas descendu vers les services sanitaires pour être soigné et pour qu'on essaye de l'aider à récupérer la vision si possible.

Le domaine de la médecine humaine et de la médecine vétérinaire empirique est en général réservé à un certain type de maladies et de douleurs telles que les fractures et les luxations, les problèmes de l'appareil digestif, les maladies cutanées, de l'appareil respiratoire, du système circulatoire et urinaire, tant pour l'homme que pour les animaux.

Les pratiques, les manipulations et les matières médicamenteuses utilisées sont en général réalisées par le berger lui-même et par l'éleveur. Ce n'est qu'en de rares occasions qu'il s'adresse à un *petrikillo* ou guérisseur plus ou moins réputé dans la région.

Nous pouvons dire à ce sujet que les fractures relativement fréquentes des pattes des moutons sont soignés par les bergers ; ils immobilisent le membre fracturé au moyen de quatre planchettes qui sont retenues et entourées par une bande imbibée de blanc d'oeuf et fixée par des bouts de sparadrap.

Lorsqu'il s'agit de couper les queues des brebis pour pouvoir ensuite les traire plus facilement, le berger cherche la jointure entre deux vertèbres, et laisse un morceau de queue d'environ huit centimètres. Il fait une entaille à hauteur des pattes arrières en retenant l'agneau entre ses jambes et coupe ensuite la queue d'un coup de canif sec de bas en haut. Il est préférable de réaliser cette opération à l'époque froide et sèche, pour éviter au maximum les infections.

Pour sevrer les agneaux, certains bergers appliquent des excréments de chien sur les tétines de la brebis. Pour attendrir les tétines et les mamelles, ils les frottent et les massent avec de la graisse ou même avec de l´huile dans laquelle ils ont frit des fleurs de camomille.

La pharmaceutique traditionnelle est généralement faite à la main surtout à partir d'herbes et de diverses plantes médicinales qui poussent dans les montagnes. On fabrique ainsi les remèdes pour soigner.

Voici une énumération sommaire de certains de ces remèdes :

Pour soigner les *karetxak* (verrues), les frotter avec du jus de jonc, avec de l'ail ou en jetant au feu des grains de sel.

Contre le mal de gorge : boire une décoction d'origan, porter au cou un petit sachet de cendres du foyer, ou mettre au cou un morceau de *argizarie*, cire bénie le jour de la Saint Jean.

Comme laxatif, prendre une infusion de *tartiku belarra* (*Dafne laureola*) ajoutée au petit-lait restant de la fabrication du fromage.

Pour soulager une cheville foulée : prendre des inhalations de lierre.

Pour extraire des échardes et des épines : appliquer sur la zone où est enfoncée l'épine un peu de saindoux de porc ; au bout de quelques temps, l'épine pourra sortir facilement.

Contre les rhumatismes : se faire des frictions avec des orties, se frotter avec de l'huile d'alisme ou alors se passer les anneaux en fer proches de la croix de Ernio (1.072 m), ou passer à plusieurs reprises par dessous les chaînes qui sont dans la chapelle du Sanctuaire de San Miguel de Aralar.

Contre les maux de tête, il est possible de réaliser des rites magiques religieux consistant à introduire la tête sur des autels percés tout en faisant une prière et en donnant une offrande.

Des autels avec niche existent à Gipuzkoa, parmi lesquels nous pouvons citer celui de San Esteban de Urdaiaga à San Pedro de Zegama, et dans l'Aralar de Navarre nous pouvons voir un trou percé à côté de l'autel de la chapelle.

Pour combattre les douleurs d'oreille : introduire à température corporelle des gouttes d'huile froide avec des fleurs de *kamamille* (camomille) ou alors des gouttes d'huile la lampe de l'ermitage de San Gregorio de Albiztur.

Pour combattre les engelures, frotter avec des feuilles de *ospel belarra* la zone touchée et appliquer une bande.

Contre les douleurs d'estomac (*tripako miña*) : prendre une infusion de camomille, un petit verre de liqueur de *basakana* ou de liqueur de *kamamilla* (camomille).

Pour nettoyer la vessie et uriner : prendre une infusion de *azari buztana* (prêle). Les bergers utilisent aussi une infusion d'une fougère qu'ils appellent *auntz garo* ou *aitzeko garo* ou boivent le liquide provenant des *arto bizarrak* (barbes de maïs bouillies).

Pour soigner les brûlures : appliquer sur la brûlure des feuilles d'ortie bien écrasées. Un autre remède consiste à appliquer une pommade faite en faisant bouillir de la moelle de *intxusa* (sureau) mélangée à de la cire d'abeilles. On peut aussi appliquer sur la brûlure la *poussière* (spores) du champignon connu comme *astaputza*.

Pour éliminer les vers du conduit intestinal : boire une décoction d'ail dans du lait ou un petit verre de vin dans lequel on a introduit plusieurs têtes d'ail pelés. Après l'avoir fait macérer au calme pendant plusieurs jours, boire de cette potion pendant plusieurs jours.

Pour arrêter la diarrhée, boire l'eau de cuisson d'un rejeton de la ronce (*lar puntak*) ou la décoction de fruits de *Rosa canina*, populairement appelée *gratte-cul*.

Enfin, pour faire baisser la tension (*odol kolpea*), boire de l'eau de *zain gorri* ou de *malma belarra* (mauve) dont certains disent qu'elle est bonne pour *affiner le sang*.

Fromages et autres produits de l'élevage

Les produits que le berger obtient de l'exploitation du bétail ovin sont les suivants : viande, laine, lait, peaux et fumier de mouton. On exploite aussi dans la montagne en régime d'élevage extensif le bétail équin, composé de juments et de poulains (*muxalak*), ainsi que les bovins de race pyrénéenne, la race marron des Pyrénées et les races métisses qui sont toutes destinées à la viande.

Dans le cas des moutons de race *latxa*, nous avons à Gipuzkoa principalement deux écotypes : a) dans la partie orientale du territoire des moutons à la tête blonde et rousse connus sous le nom de *ardi mutur gorri* et, en moindre mesure, *ardi pinttoa*, qui sont très rustiques et dont les brebis sont très laitières ; b) dans la partie occidentale, les moutons ont la tête noire (*ardi mutur beltza*) et certains d'entre eux ont une touffe de poil sur la tête et proviennent de la région de Gorbea. Les brebis de cette race sont aussi de bonnes laitières.

Le bétail porcin qui paît librement dans les collines communales est en général composé de petits troupeaux de jeunes porcs. Certains bergers les achètent au début de la saison pour les engraisser avec le petit lait restant de l'élaboration du fromage. Pendant toute la durée de la campagne, ils s'alimentent des déchets issus de la hutte, de fourrage grossier et de la faine des hêtres (*pago ezkurra*). Pour les garder à l'abri des intempéries, il existe en général dans la bergerie une construction ou des hangars en tôle qui sont tous les deux appelés *txerritegi*.

Cependant, le produit sans nul doute le plus important des exploitations des moutons de race *latxa* est constitué du lait avec lequel le berger obtient le fromage et le lait caillé.

Les fromages élaborés par les bergers atteignent en général 2 kg lorsqu'ils sont frais. À la fin des trois mois de séchage et d'affinage dans le *gaztategi* de la *txabola*, il reste environ 1,5 kg. Mais les fromages qui trouvent le plus de débouchés et qui sont le mieux acceptés par la ménagère qui les achète sont des fromages de plus petite taille et poids puisque, étant plus petits, ils peuvent être vendus à un prix accessible.

Lorsque les formages sont enfin prêts, le berger se prépare à les descendre à la foire ou à les vendre à un seul client : il lave les fromages avec une brosse pour lui enlever la couche obscure de moisi qui enlaidit le produit. Une fois cette opération terminée, la croûte du fromage présente une couleur de marbre brillante, des côtés bien parallèles, sans bosses ni rayures, ni fissures et laisse entrevoir la marque laissée par le chiffon qui a enveloppé le fromage dans le moule.

À Gipuzkoa, beaucoup des fromages produits sont fumés dans un habitacle préparé à cet effet dans la *txabola* même ou dans une construction séparée. Le fumage que l'on faisait subir aux fromages il y a quelques années était beaucoup plus fort et plus intense qu'actuellement. Aujourd'hui, il laisse une couleur douce avec un goût légèrement fumé. Auparavant, étant donné les carences hygiéniques de la fabrication, ce fumage profond et intense était destiné à masquer d'autres mauvaises odeurs et à éviter dans la mesure du possible la contamination par les vers de terre.

Une grande partie des fromages produits dans les *txabolas* par les bergers, avec des techniques artisanales traditionnelles sont très demandés et sont vendus au détail dans la cabane même. D'autres sont vendus à un autre revendeur ou à un restaurant dans certains cas avant même d'être produits.

Outre les fromages, le berger pendant la saison d'hiver quand il est dans le *kostalde* ou dans le *beterri* et, une fois qu'il a commencé à traire, réserve une petite quantité de lait avec laquelle il fait ensuite le caillé connu sous le nom de *mamia* ou *gatzatua*. Le caillé se prépare en faisant bouillir le lait au moins deux fois et en laissant ensuite descendre la température jusqu'à 36/37°C.

Il y a encore quelques soixante-dix ans, à certains endroits on faisait chauffer le lait jusqu'à le faire bouillir au moyen des pierres brûlantes introduites dans le lait. Ces *esnerriak* transmettaient au lait un certain goût de brûlé qui était très apprécié dans certains milieux. Le lait était ensuite refroidi jusqu'à 37°C environ. Cette température était mesurée en introduisant dans le lait un doigt ou le coude ; si on ne sentait pas la différence de température par rapport à la température corporelle, cela signifiait que le lait avait atteint approximativement la température souhaitée. On ajoutait à ce moment-là une part de présure naturelle, que le berger mesurait avec son expérience pour obtenir une bonne coagulation.

La présure qu'ils utilisent actuellement est en général titrée et il est plus facile de mesurer la dose adéquate. À ce moment précis, on remue le lait énergiquement et on remplit les pots à raison de 5 pots par litre. On laisse ensuite reposer la préparation pendant un peu plus de trois quarts d'heure, après lesquels le caillé est prêt pour être vendu et consommé.

Dans d'autres régions de Euskal Herria, les bergers obtiennent le lait caillé ou *zenberona* en faisant bouillir le petit lait restant de l'élaboration du fromage. Il est ensuite consommé aussi bien frais que salé et séché en sachets.

Rapports entre l'élevage et l'agriculture et viceversa

Depuis les origines de l'élevage et de l'agriculture, ces deux activités sont très intimement liées puisqu'elles ont chacune besoin de l'autre pour pouvoir se développer dans une structure d'économie de type traditionnel comme celle qui a persisté en Euskal Herria jusqu'à nos jours. Dans ce sens, M. Lekuona[12] dans une étude sur la propriété de la terre écrit que à Andoian, il a entendu un fermier dire : *Soroak zor du larrea* (la prairie doit au pâturage) ou d'autres fois *Nekazariak zorra dio artzaiari* (l'agriculteur a une dette envers le berger).

Nous savons tous que le berger sous nos latitudes a un système de conduite du troupeau qui consiste à diviser l'année en deux parties bien différenciées, c'est à dire : pendant le printemps, l'été et une partie de l'automne, il profite des hauts pâturages de montagne dans lesquels persistent les monts communaux, les rapprochements et les terrains communaux et où ils se rendent depuis des temps immémoriaux pour profiter des herbes, de l'eau et des bois ; nous avons décrit ci-dessus les caractéristiques, les ordonnances, les droits et les obligations des bergers et des éleveurs qui se rendent dans ces pâturages. Il reste la seconde partie de l'année, c'est à dire de la fin de l'automne , tout l'hiver et jusqu'au début du printemps, pendant laquelle ils reste en bas dans les vallées et utilisent et louent les herbes de quelque ferme. Dans certains cas, le berger a sa propre ferme, ou sa famille qui réside dans un des villages ou des endroits situés au pied de la montagne, mais il s'agit très souvent d'un *berger sans terre*, et il se voit donc forcé de louer les herbes de plusieurs fermes et de s'installer dans une des fermes libre.

En de nombreuses occasions, ces fermes sont en général dans un état lamentable dans des zones de *beterri* ou du *kostalde* de Gipuzkoa ou de Bizkaia étant donné l'occupation temporaire de ces *barrutiek* (prairies fermées par des clôtures végétales ou par des murs) qui sont naturellement fertilisées par les excréments laissés par les moutons du troupeau durant les jours où les animaux paissent. Il y a aussi des terrains de culture que l'on tente d'améliorer avec des aliments organiques naturels. De cette manière simple et depuis longtemps, quand on n'utilisait pas d'engrais de production industrielle, on tentait d'améliorer les terres consacrées tant aux prairies moissonnées qu'aux champs cultivés (champs de maïs, plantes fourragères, pommiers, etc.).

Épilogue

Après avoir brièvement passé en revue le monde de l'élevage traditionnel à Gipuzkoa, nous pouvons dire sans aucune hésitation qu'au cours des vingt dernières années ou moins, ce mode de vie ancestral a changé et s'est développé plus que dans les cinq mille ans de vie de cette activité constructive et renouvelable qui a permis à des générations de consommer des protéines animales à compter de la domestication des animaux.

Nous insistons à nouveau sur ce fait parmi d'autres pour les raisons suivantes :

Il y a quarante ans, j'ai connu des bergeries pastorales à Gipuzkoa dans lesquelles les cabanes n'avaient ni fenêtre ni cheminée, ni lit, la fumée sortait par où elle voulait entre la maçonnerie, par le toit ou par la partie supérieure de la porte, le grabat était un amas de bruyère (*txillarrak*), limité par des troncs. Le toit était dans certains cas formé par une couche de mottes de terre couverte de gazon et dans d'autres constructions par une couche épaisse de fougères (*garoak*). Le foyer était bas et le chaudron et la poêle étaient accrochés à la chaîne du fourneau. L'éclairage était fourni par la lampe à huile (*krisellu*) ou d'acétylène et d'autres fois c'étaient les flammes du *sutoki* (fourneau) qui produisaient la lumière.

Les ustensiles de cuisine aussi ont changé : il existait des marmite en terre, des couverts pour cuisiner et des salières en bois.

Il fallait amener l'eau dans des récipients, depuis la fontaine ou la source qui se trouvaient parfois dans des endroits dangereux et éloignés.

Les bergers construisaient généralement les abreuvoirs et les mangeoires en creusant avec une hache et une herminette un tronc plus ou moins épais et long en bois de hêtre.

Les bergers se rendaient en général aux bergeries à pied par des sentiers étroits, qui étaient même parfois dans certaines portions des chemins muletiers très inclinés.

Les outils et les récipients utilisés pour la fabrication du fromage, certains comme la *abatsa* et le *apazko txikie* étaient en bois. Les moules ou *zumitzeak* pour donner forme au fromage étaient aussi en bois, de même que l'entonnoir pour filtrer le lait (*iragazkia*) et le mixeur ou *malatxa* en houx.

La traite du bétail se faisait à la main, le berger était dans l'étable, le bétail libre à l'intérieur, et le berger se déplaçait et trayait les moutons à genoux et sans banc.

Les normes sanitaires et les mesures d'hygiène au moment de fabriquer les fromages ainsi que les suivis vétérinaires rigoureux étaient très insuffisants.

La petite transhumance aussi bien inverse que directe se faisait par les chemins traditionnels et par les tronçons de routes pour arriver à destination.

Par contre, de nos jours, de nombreuses cabanes ont été rénovées et beaucoup d'entre elles ont une surface construite beaucoup plus grande que les anciennes. Elles ont été construite en béton avec des poutrelles , un toit à deux pendants, le revêtement en granito, des fenêtres vitrées ; plusieurs pièces, une cuisine avec l'eau courante ainsi qu'une cuisinière et des brûleurs à gaz. Une douche et un lavabo, une chambre à coucher avec une paillasse et un matelas, une pièce pour les fromages et un petit entrepôt. L'éclairage se fait par des plaques photovoltaïques capables d'alimenter plusieurs lampes, un appareil de radio et même un poste de télévision parfois, ainsi qu'un réfrigérateur qui fonctionne avec une bonbonne de gaz.

Les ustensiles et les récipients pour la fabrication du fromage sont en tôle de fer, en acier inoxydable ou en aluminium dur, une passoire métallique ; des moules en plastique, les bergers utilisent un thermomètre et une lire pour couper le caillé. Des brûleurs à gaz pour le bain Marie. Des cuves en acier inoxydable et des presses à ressort et même hydrauliques.

Les chemins et les pistes d'accès vont dans de nombreux cas jusqu'à la bergerie auxquelles les bergers se rendent dans leurs véhicules 4x4 tout terrain.

Les bergers font la traite à l'aide d'un tiroir qui immobilise la brebis pendant toute l'opération, pendant que le berger traie assis et dans certains cas à l'abri.

Le contrôle vétérinaire du troupeau, des campagnes de vaccination, le contrôle du lait et les bains et les douches anti-parasitaires sont des mesures sanitaires générales dans l'immense totalité des exploitations.

Les transferts périodiques d'hiver et d'été se font presque totalement par le biais de transports dans des camions d'élevage.

Certaines fermes et exploitations avec du bétail ovin ainsi que certains bergers avec une cabane dans les pâturages de montagne et des hangars pour la stabulation dans la vallée possèdent des systèmes de traite mécanisée en ligne ou parallèle, avec une fosse ou une rotonde, avec ou sans tapis roulant, qui rend ce travail plus efficace, plus hygiénique et plus rapide. D'autre part, de nombreuses fermes qui ont des exploitations de bétail ovin disposent de cuves en acier inoxydable pour maintenir le lait réfrigéré et pouvoir ensuite faire des fromages.

Les foires et les marchés de produits régionaux, ainsi que la promotion du fromage encouragée par le Conseil de Régulation de Dénomination d'Origine du fromage Idiazabal et l'organisation d'un grand nombre de Concours de fromages élaborés avec du lait de brebis latxa ont contribué à augmenter la production et la standardisation du fromage aussi bien fumé que non fumé.

Si nous ajoutons à tout le changement et la modernisation des installations cités précédemment le fait que cette année a été inaugurée à Arantzazu une *Artzai Eskola* (École d'Élevage), nous pouvons conclure que l'élevage et l'exploitation des brebis *latxas* ont de l'avenir, même si beaucoup des habitudes, des coutumes et des méthodes devront changer pour pouvoir survivre. Si nous savons d'autre part qu'au Pays Basque la consommation de fromage par personne et par an est de 8 kg et que la moyenne de la CEE est de 15 kg (Grèce 21 kg et France 18 kg), nous sommes encore bien loin du niveau de saturation. Il serait très utile que l'habileté des cuisiniers se tourne vers les nouveaux plats qui permettraient de modifier nos habitudes et qui feraient du fromage une partie importante du plat principal, au lieu de se cantonner au rôle de dessert.

Notes

[1] - *Nueva Recopilación de los Fueros*. Réimpression Tolosa 1867, facsimil Valladolid 1976. Il est signalé en page 325 que Il a de tous temps été interdit d'amener des chèvres dans les villages et les montagnes étrangers, et sur d'autres domaines, sauf dans le village, le mont et le domaine du propriétaire des chèvres lui-même (Henri V à Vitoria le 30 mars 1457) et, auparavant, on appliquait une amende de dix mailles par chèvre, et de cinq par chevreau se trouvant sur des terres et dans un village étranger ; il y a toujours eu une telle tradition d'avoir des chèvres et de les conserver dans presque toute cette Province qu'elles ont occasionné de nombreux dommages dans les montagnes et les arbres fruitiers des Conseillers et des particuliers ; ceux-ci ont réclamé que le mal fait partout soit réparé et donc que des peines supérieures à celles dictées par l'ancienne Ordonnance soient imposées. Nous ordonnons que cette Ordonnance soit conservée et exécutée et que les peines imposées aux transgressions soient de vingt-quatre maravédis par chèvre, et de douze par chevreau, le double si elles sont trouvées de nuit, et que l'ancienne Ordonnance soit exécutée avec le supplément de peine qui suit : À partir de maintenant, dans cette Province, personne ne pourra amener des chèvres dans des villages, des montagnes et des domaines étrangers, sauf sur son domaine, dans son village ou sa montagne. Pour toute chèvre qui sera trouvée, on devra payer dix mailles, cinq mailles pour tout chevreau. Cette Ordonnance devra être exécutée dans toute cette Province et personne ne devra s'y opposer sous peine de se voir imposer une amende de trois mille marávedis pour chaque Conseil, et Ville ou Lieu, et à chaque personne mille maravédis (Philippe II à Madrid le 15 avril 1589).

[2] - Ndt : En Français dans le texte

[3] - Ndt : Association des éleveurs de troupeaux transhumants au Moyen âge.

[4] - Ndt : Sel : terme utilisé en Navarre (entre autre) pour désigner une prairie où se repose et dort le bétail bovin.

[5] - Villareal de Berriz, P.B. : *Máquinas hidráulicas de Molinos y Herrerías, y gobierno de los árboles y montes de Vizcaya*. Madrid 1736 - facsimilé, Saint Sébastien 1973.

[6] - Fuero de Gipuzkoa. Édition facsimil, Lex Nova. Valladolid 1976.

[7] - Unité de mesure ancienne.

[8] - F. Leizaola Ie. Journées d'Anthropologie : *Religion et Symboles. Communication dans les Journées d'Anthropologie : Symboles Magiques et Religieux dans le monde rural du Pays Basque* - S.E.V. Pampelune 1998.

[9] - Ndt : pommes de terre et poireaux cuits à l'eau.

[10] - Ndt : jeu de cartes.

[11] - Thalamás Labandibar, Juan : *Aspectos de la Vida Profesional vasca*. Saint Sébastien 1935.

[12] - Lekuona, Manuel de : *Idazlan guztiak 2, Euskal etnografia*, Tolosa 1978, pp. 26, 27.

Bibliographie

ARIN DORRONSORO, Juan de.
«Notas acerca del pastoreo tradicional de Ataun», *Anuario de Eusko Folklore* nº XV. Sociedad de Ciencias Aranzadi. Saint Sébastien 1955.
BARANDIARAN, José Miguel de.
El Hombre Prehistórico en el País Vasco. Edit. Ekin. Buenos Aires 1953.
«Notas sueltas sobre el pastoreo en Gorbea (Vizcaya)», *Anuario de Eusko Folklore* nº XV- Sociedad de Ciencias Aranzadi. Saint Sébastien 1955.

«Hojas de Eusko Folklore» nº 47 - 1924 - *El Mundo en la mente popular Vasca*. Edit. Auñamendi. Saint Sébastien 1960.
Diccionario ilustrado de Mitología Vasca - Œuvres complètes, I - Bilbao 1972.

CILLAN APALATEGUI, Antonio.
La Comunidad Foral de Pastos en Guipuzcoa. Imprimerie de la Diputación de Gipuzkoa. Saint Sébastien 1959.

ECHEVERRIA, Teofilo - ECHEVERRIA, Augusto.
El ganado ovino de raza Lacha en Navarra. Diputación Foral de Navarra. Pampelune 1970.

EGURCEGUI ARRONIZ, Jesús
La vida del pastor y el manejo del rebaño. Vitoria-Gasteiz 1995.

GIRO MIRANDA, Joaquín.
Memorias de un pastor riojano. Logroño 1985.

GOÑI, Carmen de.
«Algo sobre la Parzonería General de Guipuzcoa y Alava». *Anuario de Eusko Folklore* nº 15. Sociedad de Ciencias Aranzadi. Saint Sébastien 1955.

GOROSABEL, Pablo de.
Diccionario Histórico, Geográfico Descriptivo de Guipuzcoa. Édition facsimil. La Gran Enciclopedia Vasca. Bilbao 1971.

LEIZAOLA, Fermín.
«Uztai Egillea». *Anuario de Eusko Folklore* nº XXIII. Sociedad de Ciencias Aranzadi. Saint Sébastien 1967-68.
«Algunos aspectos de la artesanía rural en Navarra». *Revista Munibe*. Saint Sébastien 1971.
«Contribution à l'Étude des Artisans du Bois au Pays Basque». *Actas del Primer Congreso Internacional de Etnología Europea*. Paris 1971.
«Cuchareros del País Vasco». *VI Congreso de Estudios Pirenaicos*. Bagnères de Bigorre 1971.
«Aspectos de la vida pastoril en el País Vasco». *IIª Semana de Antropología Vasca*. Bilbao-Deusto 1973.
«Algunos sistemas de colocar badajos a los cencerros empleados en el País Vasco». Communication presentée au VIIème Congres d'Études Pyrénéenes à La Seu d'Urgel et Andorre, 1974.
«La ganadería como actividad preindustrial. Técnicas pastoriles». *IIIª Semana de Antropología Vasca*. Bilbao 1976.
Euskalerriko Artzaiak. Editorial Etor. Saint Sébastien 1977.
La Cultura pastoril. Euskaldunak. Editorial Etor. Saint Sébastien 1978.
Notas sobre el pastoreo en Gorbea. Bilbao 1979.
Euskal Etnografía, álbum de diapositivas comentadas. Banco de Vizcaya. Saint Sébastien 1979.
«El pastoreo tradicional en Gipuzkoa - notas para su estudio». Narria. Madrid 1991.

OTERO, X. - EPALZA, A. - LEIZAOLA, F.
Kaikugilleak, Domingo Etxandi. Iruñea 1987.

SANCHEZ TRUJILLANO, María Teresa y GOMEZ MARTINEZ, José Ramón.
Rebaños, La ganadería tradicional a través de las colecciones del Museo de la Rioja. Logroño 1995.

THALAMAS LABANDIBAR, Juan.
Aspectos de la Vida Profesional Vasca. Saint Sébastien 1935.

VILLAREAL DE BERRIZ, Pedro Bernardo.
Máquinas Hidráulicas y Gobierno de los Arboles y Montes de Vizcaya. Édition facsimil. Sociedad Guipuzcoana de Publicaciones. Saint Sébastien 1973.

ZUMALDE, Ignacio.
Historia de Oñate. Edic. Diputación de Gipuzkoa. Saint Sébastien 1957.

Illustrations

I. Berger en train de fermer le collier (*uztaia*) qui retient la clochette (*dunba*).

II. Angel Artza en train de faire des fromages dans la cabane de Enirio (Aralar).

III. Artzai et artzai txakurra sur les terres de Degurixako zelaia (Aretxabaleta).

IV. Elixabete Arrillaga de la cabane de Laskolatza (Parzoneria - Urbia) avec un mouton.

V. Le berger Juan Isidro Sukia à Gaintza. Au fond le mont Aralar avec le Larrunarri (Txindoki) au premier plan.

VI. Tonte d'un mouton à la manière traditionnelle .

VII. Brebis en train d'allaiter son agneau.

1. Garde des moutons dans les prairies de Elordi (Aralar).

2. Pâturages de Urbia, au fond le massif de Aizkorri avec Arbelaitz et la bergerie de Arbelar.

3. Orendain, un village qui appartient à l'Union de Enirio-Aralar.

4. Au début du mois de mai, montée avec le troupeau dans les pâturages de montagne jusqu'en novembre.

5. Berger et troupeau en train de monter depuis Larraitz jusqu'au col de Errekontza (Zaldibia).

6. Joxantonio Ormazabal de la ferme Urretabizkaia de Gaintza dans la bergerie de Muitze (Aralar).

7. Ferme du quartier de Gezaltza (quartier de Arantzazu) avec des moutons dans les prairies améliorées.

8. José Ignacio Gorostegi de la ferme Gorostizu de Gaintza avec son troupeau de chèvres.

9. Détail de la tête d'un mouton de race *latxa* variété blonde.

10. Brebis et agneau de race *latxa* variété tête noire.

11. Bergerie de Buruntzuzin, ancienne cabane de Lukas Artano de Amezketa, au fond à mi-flanc de montagne, bergerie de Ariñate (Aralar).

12. Troupeau en train de monter par le chemin de Ondarre (Aralar).

13. À la fin de l'automne descente des troupeaux dans la vallée ou vers la côte. Ravin de Arritzaga - Aralar.

14. Le berger "Keixeta" descend au marché depuis sa cabane à Ernio.

15. Prairies à Zaldibia, au fond l'arête du Txindoki.

16. Troupeau de moutons en train de paître à Aralar.

17. Vieille cabane dans la zone de la *laiotza* de Aralar.

18. Cabane qu'a occupée pendant de nombreuses années le berger Miguel Murua à Oidui - Aralar.

19. Une des cabanes construites dans le poljé de Degurixako zelaia (Aretxabaleta-Eskoriatza).

20. Troupeau de la bergerie de Doniturrieta Azpikoa (région de la *eutera* de Aralar) dans la *eskorta* ou bercail pour le troupeau.

21. Pignon d'une cabane.

22. Les cabanes de Elordiko borda et de Ariñate, dans la région de Ondarre, sous le pic de Larraone (Aralar).

23. Bergerie de Arritzaga dans le ravin du même nom et à côté des ruines des anciennes mines de cuivre.

24. Cabane avec des pierres "presse-tuile" sur le toit, au fond le massif de Aizkorri.

25. Mon ami Eulogio Mendizabal, en train de préparer le repas dans le *beko sue* de la cabane de Oidui (Aralar).

26. *Gaztandegia* ou local pour le séchage des fromages dans la ferme de Zelaieta de Orendain.

27. Rites religieux populaires, éléments pour se protéger contre la foudre, les orages et les maléfices sur la porte et le montant de la porte d'une ferme de Zerain.

28. Berger avec les chiens à la recherche du troupeau.

29. Berger de Ernio en train de traire les brebis dans la *eskorta* (bercail).

30. *Txaratila* pour tordre le brin de laine et en faire un fil de laine ou *artilea* (cédée par P. Arruabarrena et K. Aduriz).

31. Les frères *Kaskagorri* dans leur cabane de *Oiduiko saroia*. Au premier plan Jesús en train de filer avec la *txaratila*.

32. Grand-mère en train de faire des *galtzerdie* (chaussettes) avec de la laine filée avec la *txaratila*.

33. *Abarkak* en caoutchouc avec des lacets de laine filés et tressés à la main appelés *abarka trailak*.

34. Le berger Anastasio Balerdi Beloki, qui monte au printemps avec le troupeau et son "bazar" à la bergerie. Remarquez bien l'oeuf

qu'a pondu la cane dans la cage, durant la montée aux pâturages.
35. Divers types de clochettes (*txintxarriak, dunbak)* et de colliers en bois (*uztaiak*), accrochés au cou des moutons.
36. Berger en train de mettre de la nourriture dans les mangeoires de l'étable pour brebis.
37. Les premières minutes de vie de l'agneau. La mère nettoie son petit nouveau né.
38. Le berger Juan Ixidro Sukia avec des agneaux de quelques jours.
39. À Noël, on sacrifie de nombreux agneaux, de ceux que l'on ne conserve pas pour la reproduction du troupeau.
40. Ixidro Aierbe de la ferme Aldaskorta de Zaldibia sort de l'étable avec le troupeau et les récipients pour traire les moutons.
41. Berger en train de placer des *dunbak* (clochettes ventrues) aux meilleurs moutons du troupeau. À l'occasion d'un décès, le berger n'accroche pas ce type de clochettes pendant la montée ou la descente des troupeaux en signe de deuil.
42. Berger en train de vérifier que toutes les clochettes des animaux du troupeau ont bien le même son.
43. Joxantonio Ormazabal de la cabane de Muitze (Aralar), qui met le passant au collier de bois qui retient la *dunba*.
44. Sonnailles et clochettes en bronze de diverses grandeurs et de plusieurs types dans un stand de la Foire de Ordizia.
45. Moutons portant des signes sur leurs oreilles.
46. Troupeau de moutons (Urkulu – Baxenabarre) avec des marques colorées bien nettes et visibles.
47. Système moderne de marquage du bétail équin qui paît à Aralar, à l'aide de nitrogène liquide (Albatzisketa - Larraitz).
48. Le célèbre chasseur de bêtes nuisibles Jeronimo Sukia de Zaldibia de nos jours.
49. Genette, mammifère carnivore qui décime les poulaillers que les bergers possèdent dans les bergeries.
50. Un éleveur de juments scrute avec des jumelles pour localiser son bétail.
51. J. Sukia jeune, quand il chassait des bêtes nuisibles dans la région de Arkaka (Zaldibia).
52. Le berger de la bergerie de Duru (Oñati) à la porte de sa cabane, entouré des ustensiles nécessaires à la fabrication du fromage.
53. Un des éléments indissociables de la vie du berger : la *makila* en noisetier. Le cigare est aussi bien souvent inséparable.
54. Juments qui portent des colliers en plastique.
55. Pose des fers à des juments.
56. Mulet avec une charge sur les *kartolak.*
57. Fabrication des fromages artisanaux. On appuie le *maton* sur le *zumitze* (moule en bois) sur la planche rainurée appelée *txurka.*
58. *Kaiku,* récipient monoxyle pour traire les brebis et les chèvres, etc. et aussi utilisé jadis pour faire du caillé ou pour faire bouillir le lait ou le petit lait. On introduisait à l'intérieur plusieurs pierres chaudes qui échangeaient la chaleur et permettaient au liquide de se mettre à bouillir en quelques instants (cédé pour la photographie par P. Arruabarrena).
59. *Abatza,* récipient monoxyle, plus grand que le *kaiku* que l'on utilisait jusque dans les années cinquante dans de nombreuses fermes pour faire cailler le lait avec lequel on fabriquait ensuite les fromages (cédé pour la photographie par P. Arruabarrena).
60. Pesage du fromage au moyen de la balance romaine.
61. Chiots de race *euskal artzai txakurra* aux pieds d'un berger chaussé de *abarkak* et de chaussettes en laine.
62-63. Grand père du quartier de Urkia (Itsasondo).
64. Jour de lessive dans la cabane de Duru (Oñati).
65. Soleil et moutons.
66. Stand de vente de fromages d'appellation d'origine contrôlée *Idiazabal* sur le marché de Ordizia.
67. Croix de protection sur le linteau d'une cabane de Urbia.
68. Troupeau en train de passer à côté de la croix en hommage à un jeun berger mort.
69. Berger en train de préparer les troupeaux pour aller dans les pâturages bas près de la côte.
70. Certains bergers de Aralar navarre passent l'hiver dans les pâturages de la côte de Gipuzkoa et montent en été dans les prairies de Andia et Urbasa. Sur la photo, un troupeau monte par la route vers le Port de Lizarraga. On voit au fond le Beriain et l'ermitage de San Donato.
71. Un berger en train de descendre par le chemin qui conduit de Aralar au village de Lakuntza.
72. Le troupeau de Joxantonio Ormazabal qui se rend dans les pâturages de la zone de Muitze.
73. Berger qui conduit son troupeau vers de nouvelles prairies.
74. Le berger Joxe Urretabizkaia, expert et vétéran, de la cabane Zirigarate Bekoa avec un agneau et son chien.
75. Profils de bergers.
76. Berger en train de soigner le sabot d'un mouton avec une application topique d'antibiotique en aérosol.
77. Exemplaires de *ardagaia* (*Fomes fomentarius),* dans un tronc de hêtre. Ces champignons étaient jadis utilisés comme briquet pour faire du feu et dans un but hémostatique.
78. Le légendaire Sanctuaire de San Miguel *in excelcis* un jour d'hiver (Aralar Navarre).
79. Le calme après l'orage. *Erromako zubia* (arc-en-ciel) à Abaltzisketa.
80. *Ardi gazta* avec appellation d'origine contrôlée *Idiazabal.*
81. Le *behorzale* Joxe Zeberio "Maiorra" dans le col de Urkillaga (Ataun).
82. La bergère Elixabete Arrillaga, de la bergerie de Laskolatza à Urbia.
83. Luis Mª Iglesia avec des porcs qu'il engraisse avec du petit lait et d'autres aliments, sous la cabane de Ariñate.
84. Profils de vaches dans la Parzonería de Altzania.
85. Le berger "Bixar" en train de filtrer le lait récemment trait et de le recueillir dans des récipients.
86. Moutons de race *latxa,* variété blonde, mélangés avec les brebis du troupeau.
87. "Keixeta" de Errezil, berger de la cabane de Axeri Buztana, sur les flancs de Ernio.
88. Berger en train de battre le lait caillé pendant qu'il ajoute l'eau chaude. C'est une autre phase de la fabrication du fromage avec des techniques artisanales dans la même cabane.
89. Miguel Antonio Sukia, vieux berger de 97 ans, qui fait du fromage avec les ustensiles traditionnels : la marmite, *txurka* et *zumitze* (moule en bois) à côté de sa ferme de Zaldibia.
90. Bergerie de Elutseta et au fond le Larrunarri (Txindoki).
91. Troupeau dans les bas pâturages d'hiver, au fond le mont Aizkorri - Aloña.
92. *Illorra* ou *txerritegi* entre les frênes, dans la bergerie de Oidui (Aralar).
93. Troupeau de la bergerie de Doniturrieta Azpikoa avec son berger et son chien.
94. Les nouvelles techniques de fabrication du fromage s'imposent. Amelia Jauregi en train d'essorer le *maton* pour l'envelopper dans le chiffon et le mettre ensuite dans le moule en plastique. Installations de la ferme Baztarrika de Gabiria (tourisme rural).
95. On assiste aussi de plus en plus dans les fermes avec troupeau à l'installation de parcs de traite mécanique, qui permettent de rationaliser et de rendre plus hygiénique ce travail pénible. Sur la photo la salle de traite de Gerardo Garmendia "Mozo" (employé de ferme) dans la ferme Aizporra de Zaldibia.
96. Pour encourager la consommation, améliorer la qualité et typifier le fromage d'appellation d'origine contrôlée *Idiazabal,* en dehors du Conseil Régulateur, on organise dans plusieurs localités de Euskal Herria des concours de dégustation de fromages par un jury spécialisé. Sur la photo le célèbre concours de fromages qui a lieu tous les ans à Ordizia, Capitale du Fromage.
97. Lever du jour à côté de la ferme Zelaieta de Orendain. Joxantonio Garmendia en train d'attendre le camion qui ramasse le lait pour une industrie fromagère.
A. Plan des zones de pâturage à Gipuzkoa (été et hiver) : **1.** Arno. **2.** Izarraitz. **3.** Ernio. **4.** Zaraia. **5.** Aizkorri-Altzania. **6.** Enirio-Aralar.
B. Chemins de transhumance et pâturages d'hiver à Gipuzkoa : **1.** Terrains communaux de Enirio-Aralar. **2.** *Parzonería* de Altzania.
C. Oabiel. Aralar de Gipuzkoa. Zone ensoleillée. Bergerie de Oabiel. Juan Ignacio Begiristain. Ferme Ibondo - Quartier de Aia - Ataun : **1.** Hutte du berger. **2.** *Eilorra*-Poulailler. **3.** Jardin potager. **4.** Ruines de la cabane (maintenant décharge). **5.** Petit bois de frênes utilisé comme bercail. **6.** Bûcher. **7.** Esplanade pour la nouvelle cabane. **8 et 9.** Niche du chien.
D. Cabane et constructions annexes de José Oyarbide. Bergerie de Oltze, Aizkorri. (Informations datant de 1965 environ, actuellement en ruine). Explication du croquis de la bergerie de José Oyarbide de Oltze, Aizkorri : **1.** Hutte dans laquelle vit temporairement le berger. Il contient trois parties, c'est à dire : A. cuisine; B. Chambre à coucher; C. fromagerie. **2.** "Baratzea" (petit jardin potager). **3 et 4.** *Eilorra* de toit à deux pendants avec des mottes de terre couvertes de gazon. **5.** Niche du chien. **6.** Abreuvoir fait dans un tronc creusé pour donner le petit lait aux porcs.
Dans la cabane, on peut trouver les éléments suivants : D. bancs; E. table; F. foyer bas adossé au coin; G. grabat; H. petit coffre; I. presse pour les fromages; grand tronc de hêtre creusé qui sert à saler les fromages dans la saumure; P. portes; V. fenêtres. À part, à l'intérieur de la cabane se trouvent les récipients et ustensiles pour l'élaboration du fromage, une batterie de cuisine élémentaire, des carafes, des bouteilles, des aliments, des conserves, des vêtements, des couvertures, des parapluies, le bâton du berger, des outils, des médicaments, des produits vétérinaires, des raticides, des pièges à rat, des images, des médailles, un rosaire et des croix de protection...
E. 1. *Urkiloa* - Aralar; *Mirabuztana* - Aizkorri. **2.** *Pitzatue* - Aralar. **3.** *Laiategia* - Aralar. **4.** *Akatsa* - Aralar/Aizkorri; *Koskea* - Aizkorri. **5.** *Burnizuloa* - Aralar; *Zuloa* - Aizkorri; *Eztentxuloa* - Aizkorri. **6.** *Puntamotza* - Aralar/Aizkorri. **7.** *Garranga* - Aralar; *Pikarea* - Aizkorri. **8.** *Belarri osoa.*

SHEPHERDING PRACTICES IN GIPUZKOA

Introduction

The province, or "historical territory" of Gipuzkoa lies at the western end of the Pyrenees. It is bounded to the North by the Cantabrian Sea, to the South by the provinces of Alava and Navarre, to the West by Bizkaia (Biscay) and to the East by Lapurdi in the French Basque Country and Navarre.

Gipuzkoa stands between a latitude of 42°53´45" and 43°23´46" N and a longitude of 1°43´40" and 2°36´05" W.

The province occupies a land area of 1,997 square kilometres and has nearly 700,000 inhabitants, giving it a very high population density — 350 per square kilometre.

The highest point in the province is Aitz Txuri (1,551 m), close to the summit of Aketegi in the Aizkorri massif. From this southernmost point all the main rivers in the province flow northwards, forming deep, narrow valleys, in whose fertile bottoms, most of the urban nuclei and industry are concentrated. In some areas this urban and industrial fabric stretches almost uninterruptedly along the length of the main river basins, forming continuous conurbations. From west to east, the main rivers are the Deba, Urola, Oria, Urumea, Oiartzun and Bidasoa.

Settlement in rural and mountain areas is scattered, consisting of small nuclei, districts or parishes containing public, sports and religious buildings. The rest of the population lives in large farmhouses (caseríos) scattered throughout the remainder of the broader municipal area. The main activity in these areas is farming, although in recent years there has been a clear fall-off in the numbers working in the primary sector, with migration to the main urban centres in the larger river valleys. The rural population is abandoning its traditional surroundings to seek work in industry and services in urban areas.

Areas and types of shepherding

The ancient art of shepherding is practised mainly in mountain areas, where natural pastureland abounds. By region the amount of land given over to permanent pasture is as follows:

	Hectares
Bidasoa – San Sebastian area	12,051
Upper Deba	5,604
Goierri	11,541
Tolosa area	9,277
Total	**53,579**

Both shepherds and their flocks generally come from the towns and villages located on the slopes and foot of mountains where there is abundant natural pasture land. In some areas, this land is commonly owned and worked.

This pasture land generally lies between 400 and 1,500 metres above sea level.

The most important pasture lands in Gipuzkoa are as follows (See Map 1).

Southern area: mountain ranges of Zaraia, Elgea, Altzania and Aizkorri.

Central area: Izarraitz massif, Andutz, Murumendi and Ernio-Gazume massif.

South-eastern area: Aralar range and hills of Ataun.

North-eastern area: Mount Jaizkibel.

North-western area: Arno-Biolar massif.

Eastern area: Adarra-Mandoegi massif and Mount Ipuliño and Uli.

The different types of shepherding carried out are:

"Little" transhumance

Trans-terminance

"Cottage" shepherding (on farmhouse pastureland)

Stabling

"Little" transhumance is mainly practised by shepherds whose flocks spend the warmer months in the upland pasture land of Aizkorri, Altzania, and Aralar, from 600 to 1500 metres above sea level. Here they spend the spring, summer and much of the autumn and with the coming of winter, when food runs short in the mountain pastures, they move down to the cultivated and harvested meadowlands, situated along the coast and in the valleys of Gipuzkoa and Bizkaia. They stay in these lowland pastures, known as belar soroak or barrutiak, until the beginning of May.

Trans-terminance is practised above all by the shepherds of the massifs of Zaraia, Izarraitz and Ernio. The shepherds stay in their mountain cabins on the sheepfold until the end of the milking season. Once the sheep have "dried up" (ceased to give milk) they spend only occasional nights there. With the coming of the first snows, when fodder runs low, the shepherd takes his flock down to a farmhouse in the valley or further down the side of the mountain.

In recent times, many shepherds have changed their practises, only going up the mountain during milking season, when they stay in the cabin to milk the sheep. They drive the milk down in pails to the farmhouse, either making cheese with it, or —more frequently— selling the milk to a cheese dairy. Outside the milking season, they only occasionally go up to the saroia or sheepfold to check on the movements of the flock and to regroup them, count them and tend to any sick animals.

"Cottage" shepherding is practised in farms which have nearby pastureland with a borda or cottage and other structures, such as sheepcotes. Here they keep the sheep semi-stabled. These flocks are normally made up of anywhere between twenty-five and eighty head of sheep. In these cases, it is generally the baserritarra (farmer) who takes charge of looking after the sheep, as well as tending to any arable land and beef or dairy cattle he may have stabled in the ukullu (stable) of the farmhouse itself.

Types of livestock

Livestock put out to graze in Gipuzkoa includes sheep, horses, cows, some pigs and a limited number of goats. Because goats browse on the young buds and shoots of trees and bushes, they are the subject of stringent regulations, limiting the areas in which they can graze. The Liberties of Gipuzkoa of 1697 (Title XL, Chapter VI), for example, state: "that no one may bring goats to the province, unless they be of his own estate"1.

This book will deal primarily with sheep keeping, although mention will also be made of the other animals.

Traditionally, the only breed of sheep extensively farmed in Gipuzkoa is the latxa.

Latxa sheep are native to the Basque Country, and appear to have been farmed here since the Neolithic Era. The main characteristics of this breed are:

– Height at withers: 60.0 cm

– Live weight of ewe: 40.5 kg

– Very coarse wool, with a long, open strands (30 cm), forming a characteristic "parting" on the sheep's back.

– The unwashed fleece generally weighs between 1.5 and 2 kg

– The breed is particularly well adapted to the damp, temperate climate of the area.

– Good milker, producing over a litre of milk per day for approximately 120 days a year.

– Under normal conditions, ewes give birth to at least one lamb per year.

Various sub-types of the breed are distinguished by their white, reddish, or spotted faces. These are known respectively as ardi mutur txuri, ardi muturgorri and ardi mutur pintoa. These sheep are particularly abundant in the area of the Aralar range and the Oria, Urumea, Oiartzun and Bidasoa valleys and adjoining areas.

Another sub-type, known as ardi mutur beltza / baltza (black-faced sheep), is found in the Partzoneria common land in Altzania, the Aizkorri range, Zaraia Massif, the hills of the Leniz valley and in general in the upper and middle reaches of the Urola and Deba rivers.

There are also other sub-types, including one which has a clump of hair on the forehead, known in some places as motozdune, and one adardunak in which the ewes are horned.

Although black-wooled sheep are not common, there are normally at least one or two in each flock. This may be due to a popular belief according to which black sheep ward of evil spells and illness, and it is traditional to have at least one in each flock for protective purposes.

In very limited areas of Gipuzkoa, there are some specimens of a sheep known as sasi ardia. These are very rough sheep, used to grazing in steep, rough areas with well-stocked pastures, which are not well tended by their owners. They are small in size with rough, coarse wool and strong legs.

Drover roads and common pastureland

The third millennium BC saw the coming of a new lifestyle for prehistoric Basque man —domestication of certain types of animal and cultivation of crops— and with it a revolutionary new occupation - shepherding. Shepherd tending their flocks needed to move them on a regular basis in search of the best grazing land. A mute testimony to these peoples who lived in the Basque mountains in the Neolithic and Iron Ages can be seen in the many dolmens (triku harriak, trego harriak), cromlechs (harrespilak or mairubaratzak) and menhirs (jentillarriak) to be found in the region, often in areas where there are still sheepfolds, and on hillsides along traditional drover roads.

When the first cold weather of autumn warns of the coming of winter, snowfall, a shortage of food for the animals and the lambing season, shepherds and their flocks abandon the mountain areas until the following spring, making their way down to the valleys along fixed trails or drover roads, known in Basque as artaldebideak or altzubideak. In Gipuzkoa, these trails are still used, although to a much lesser extent than before, but they never acquired the same importance as the Royal Drover Roads of Navarre, the drailles of France or the cañadas or cabañeras of the Spanish meseta.

For centuries, the shepherds of Gipuzkoa have used essentially the same routes across mountains, passes and hills to reach the area where they will spend the winter. In recent times, however, technological advances and an increase in motor traffic have made it almost impossible for them to use the roads without danger to the flocks and the vehicles themselves. As a result, nearly all shepherds now transport their flocks to and from the summer pastureland by lorry. This method, however, is not free from risk: on occasions, if a shepherd tries to transport too many sheep at one time, some of the flock may die of heat or overcrowding on the way. Other shepherds prefer to take their flocks to a large barn or bay at the foot of the hill for the winter. These changes mean that when the flocks begin to ascend once more to the mountain pasture land at the beginning of spring, the cheerful noise of their bleating and the ringing of the sheep-bells is no longer heard in the towns and villages along the way. No more do the local people gather along the road, remarking on the appearance of the flock, the number of sheep, the quality of their wool, the bells they are wearing, and so on.

Some of the paths, or drover roads, used by the shepherds of Gipuzkoa to travel to the farmhouses of Beterri and Kostalde in Gipuzkoa and Bizkaia for the winter were as follows:

The shepherds of Malloak and the mining areas of Arritzaga, in the area known as laiotza or ospela, would take the following route: from Amezketa through the district of Ugarte to Bedaio and Gurdilleko Lepo, they would travel down the Araitz valley through Azkarate as far as Arribe. From there they would go up Ulangate, to Uli in Berastegi, the Belabieta pass, the farmhouses of Amasa and thence down into Andoain. From Andoain they would travel on through Berrospe and take the road to Urnieta, Hernani and Astigarraga. In Ventas de Astigarraga the route divided, with different flocks heading for the farmhouses of Altza, Lezo, Errenteria, Oiartzun, Hondarribia and Irun.

Another important trail was that used by some of the shepherds from the south-facing and central parts of the Aralar range. This path went through Zaldibia, Ordizia, Arama, the Berrostegi district, and from there up to the area near Santa Marina de Argisiain and on to the Santutxo crossroads in Albiztur, where the flocks would halt. From here, they would travel on to Bidania, up the south side of Ernio, crossing the massif through the pass at Zelatun, and continuing on to the inn in Iturriotz and the highlands of Andazarrate. Here the road divided in two, with one path leading to the area of Asteasu, Zizurkil, Aduna, Zubieta, Lasarte and Usurbil, and the other to the area of Aia, Aizarnazabal, Zestoa, Aizarna, Zarautz and Getaria.

The shepherds of Altzania and Aizkorri traditionally spent the winter in the province of Biscay, in farmhouses in the Asua valley, Mungia or in villages along the Gernika estuary. At the markets in many of these villages, the shepherds would sell fresh sheep's cheese, which was considered a delicacy. Because of health regulations, however, this cheese is no longer made.

The common pasture land

Formerly, pasture land was generally held in common, and was for the free use of the inhabitants of the respective towns and villages. This is still the case in some areas. This common grazing land, located in mountain areas, is governed by a set of regulations.

There are various lands in the Basque Country which are held for the common use of certain towns. In Gipuzkoa, this is the case of the Enirio Aralar Union, formerly called the Bozue Mayor and Bozue Menor and the Parzonería General de Araba y Gipuzkoa.

The land of the former may be used by the inhabitants of the towns of Amezketa, Abaltzisketa, Orendain, Baliarrain and Ikaztegieta — which make up the Bozue Mayor — and Ordizia, Altzaga, Arama, Ataun, Beasain, Itsasondo, Gaintza, Lazkao Legorreta, and Zaldibia, which form the Bozue Menor.

The headquarters, administrative offices and archive of this organisation are in the town hall of Ordizia.

These common lands cover a total area of 1,757 hectares. They were originally granted in 1400 by Henry III to Juan de Amezketa, who in turn donated them to the aforementioned towns and villages in a deed issued on 14 November before the town secretary of Villafranca de Ordizia, Martín Ibañes de Aramburu.

These townspeople have the right to use the lands for grazing their own animals, and to use the water and firewood for the fire in the cabins, and to use the wood of any trees previously marked by the warden for building or repairing the shepherds' huts (txabolas). It is now the practise to pay a small annual fee for each sheep or lamb grazed and for the use of the hut and the attached land.

The Parzonería General de Araba y Gipuzkoa is located in Altzania, in the south of the province, and includes the Aizkorri massif and the areas of San Adrian, Urdalur, Iramendi, Oltze, Laskolatza, Arbelar and Urbia, among others. It has a total area of 3,716 hectares, within which pasture, water and firewood may be freely used by the townspeople of Idiazabal, Segura, Zerain and Zegama, in Gipuzkoa and the town councils of the valleys of Asparrena and San Millan in Alava. A small portion (640 hectares), known as the Parzoneria Txikia or Komun Txikia (Little Common) may be used only by the townspeople of Idiazabal, Segura, Zegama and Zerain. The headquarters of the two Parzonerias and their records are held in the town hall of Segura.

Sheepsolds, pastures and structures

The majada or sheepfold is the place where the sheep rest during the day and where they spend the night. It is here that shepherds build their huts or txabolak, where they live from spring to the end of autumn, tending their flocks.

There are a number of names for these sheepfolds in Basque: saroia, sarobea, sarea, gorta, korta, kaiolar, kujala, etc.

Sheepfolds are generally located in areas sheltered from the prevailing wind, in a small enclosed spot, dale or hollow at the foot of a slope. A typical saroia consists of one or more txabolas where the shepherd lives for part of the year, as well as a number of additional constructions, such as an arditegia (a pen to house the sheep), baratzak (a small garden where the shepherd grows vegetables, including leeks, potatoes, lettuce, carrots, garlic, parsley, cabbages, etc.), and the eskortak, jeiztokiak or artizkunak which is the sheepcote used for milking. These structures are generally built with dry stone walls, interwoven foliage (egur esie) or simple board fences. Beside the hut and the sheepcote there are a number of kennels for the sheepdogs (txakurtokiak). In some places, there are other constructions, such as a hen-house (oilotegi), txerritegi (pigsty), eillorrak or illorrak (very primitive constructions with a thick fern roof pitched in two directions) and a large dry stone enclosure in which the sheep were kept in the open air at night, to protect them against attacks by wolves. This structure is known as a gausarea. In and around the sheepfold, there are normally large numbers of ash trees, as well as other species such as beech (pagoa) and hawthorn (elorria), which provide a cool shady area for the sheep to rest in on hot summer days, known as abarolekue. The ash trees (lizarrak) are generally pruned every two years and their branches and leaves are used to provide extra feed for the rams during the mating season in the summer months. This constant pruning gives the ash trees a strange appearance, with large knots from which the new branches grow. The branches are generally bereft of leaves, which have either been eaten by the rams or used to repair some of the structures.

Not far from the sheepfold there is normally a spring or well. During the dry season, this can dry to a trickle, and it is necessary to carry out certain work on it to make the water fit for the sheep and shepherd, and to prevent it from becoming stagnant. In former times, the shepherds had to carry the water to the sheepfold every day, using a yoke and pails (udeta makilla), an arduous and time-consuming task. More recently, however, PVC pipes have been installed to bring running water to the shepherd's hut and the sheep's drinking troughs from the spring or tank. In some areas, shepherds make up any shortfall by placing barrels beneath the eaves of the hut, or building a small tank, filled with water flowing out of the gutter on the roof. This water is used for cleaning, cooking and washing cheeses.

In front of each hut, there is a pile of logs, branches, known as the egurtegi or woodpile, which is used to feed the sutoki or beko sue — the hearth or Aga.

The sel is the same as the saroia or sheepfold, and includes a field of grazing land where the flock shelters and rests, as well as the hut of the shepherd tending them. These fields are generally circular in shape, although in the Atlantic area of Navarre some rectangular or square examples may be found. In 1736, Pedro Bernardo Villareal de Berriz2 wrote that the winter sels (korta osoa) had a radius from the "ash stone" (auts arria) to the circumference of 126 estados or brazas (approximately 210 metres), while those used in summer had a radius of 84 (approx. 140 m.). «The ash stone is known in Basque as the Auts arria. Its name in both languages would appear to derive from the fact that our early ancestors made a fire on this stone when their animals were grazing, and it was the law or custom that no other (shepherd) should come closer than a certain distance to it». In the province of Biscay, the larger sel was known as the korta osoa or korta nagusi and had a radius of 247 metres from the central austarria. The summer sel with a radius of 122 metres, was known as the korta txikia or korta erdia . The Liberties of Gipuzkoa3 (Title XX, Chapter III), referring to weights and measures, state the following:

«...We hereby order and command that throughout [the province] the common sel shall be of a circumference of seventy-two goravillas, of seven estados or brazadas (11.7 metres) to each goravilla, measured with a cord of twelve goravillas, extended from the boundary stone as the centre«.

The shepherd's hut is known by various names in Gipuzkoa: txabola, txabolie, etxola, etxabola or artzai txabola, etc.

A typical txabola is a rectangular building, nine to eleven metres in length and four to five metres in width, consisting of thick uncut stone walls filled with dry gravel or rubble, some sixty to seventy-five centimetres thick. The spaces between the stones are filled with mud and moss to preventing air getting in. In some cases the interior and exterior walls are covered in whitewash, which is soon blackened by smoke indoors. It has a packed earth floor, or in some cases a paved floor — of concrete or tiles in more modern constructions and local stone slabs in older ones. The building has no windows or chimney. A ridgepole beam runs perpendicular to the front of the hut, where the main door is located. A shallow-sloped roof of pan-tiles or Arabian tiles rests on a layer of sods (zoiek or zotalak) which provide thermal insulation. This layer of sods in turn rests on a board nailed to the joists (kapirioak), which are situated on ridgepoles, or, in the case of many older buildings, fixed to a series of joists arranged next to one another on a ridgepole. These joists often consist merely of beech logs split open to form demi-shafts, with no scantling.

Until 1936 the regulations governing common pasture land forbade the use of tiles for roofing shepherd's huts, since traditionally in the Basque Country, tiles were a sign of ownership, and on the common pasture lands the shepherd merely enjoyed the right to use of the hut, adjoining buildings and pastures in usufruct.

There is generally a line of stones on top of the tiles, with a band of stones running along the side and in some cases a further "layer" of stones over the tiles to prevent them from shifting in strong winds. Until very recently, the tiles were hand-made and were of the type known as pan-tiles or Arabian tiles. Later, factory-built ceramic tiles were used and more recently, new models of roof tile with an overlap have been incorporated, which are more wind-resistant.

Inside, the traditional txabola is generally divided into three rooms. The first, beside the sole access door, is known as the estalpea or txapitola. Beside the front door and fitted into the wall stands the fireplace, known as the beko sue or sutoki. Cooking utensils and cheese making tools are kept in this room, together with a few simple items of furniture, consisting of a small table and two or three stools (aulkiak). The second room, joined to the first by a low narrow door is the bedroom or kaamaña, where the shepherd's cot stands. Until about thirty years ago, many shepherds still slept on a thick layer of heather. This poorly-lit room contains a kutxa or trunk, where the shepherd keeps a few personal belongings and some clothes. The food (sausages, cured meat, bread, etc.) is generally hung from a hook or kakua well out of reach of the many rodents inhabiting the area.

The shepherd keeps his few personal belongings, tools and tins of food on shelves hung from the joists, on side walls beneath the roof, or in open gaps in the walls of this room. In some huts, there is a second fireplace on the wall facing the bed. This was used to heat the room on cold spring or autumn nights and also to smoke the cheeses which were then placed on long shelves beneath the roof.

The third room is normally much smaller and is separated from the bedroom by a dividing wall or some planks, and in some of the older huts, by a type of screen made from interwoven hazel or ash branches, sometimes covered in a thin layer of mortar. This small room is the cheese room, known variously as gaztategi, gaztandegi or gaztanetxea in Basque and generally has a small North-facing window which is opened to allow the cheeses to dry, cure and ripen at a more or less constant temperature of 10° to 12°C, with a very high level of humidity. These cheeses are normally placed on long narrow boards, known as gaztanolak. There is also a tank of brine in this room for salting the cheeses, as well as various demijohns with water and wine, some simple home-made mousetraps (satolak) and more sophisticated spring traps, and poison for the different types of rodents (hill mice, shrews, dormice, etc.) which can so easily play havoc with the cheese production.

To ensure even drying and ripening, the cheeses must be turned on the shelves from time to time, to allow mould to grow on both sides.

The front of the txabola generally faces south-east. On the front, side and back walls, and on the door, door jamb and lintel there are crosses made out of laurel branches which have been blessed, (erramu gurutzeak) branches of ash (lizar adarrak) or white hawthorn (elorri gurutzeak) and medals, metal crosses, prints of saints and flowers from sowthistles, Carline thistles (eguzki loreak) or welted thistles (sorgin kontra). According to F. Leizaola4, the shepherds place these magical/religious items on their huts when they arrive in spring every year, to protect the hut, its inhabitants and the flocks from all types of evil spells and ill-fortune (lightning, fire, illness, the evil eye, etc.).

Tending the flocks in summer and winter

Gipuzkoan shepherds take their flocks up to the mountain pastures at the beginning of May, when the snow has gone from the higher ground and the grass has begun to grow. The shepherds and their flocks remain in the mountain sheepfolds until the first autumn snow presages the coming of the harsh but relatively short winter and a shortage of grass.

During the spring and summer, the shepherd rises very early, and quickly goes up the mountain with his dogs, to bring the sheep to the eskorta (sheepcote). There he milks the ewes one by one, crouching behind them and gathering the milk into a cylindrical vessel known as a marmita. Nowadays, most shepherds have a special cage for the purpose, with an opening and a milking stool, which makes the process easier. They filter the milk through a metal funnel, into which they place a bunch of nettles (asunek or osiñak) which act as a filtering agent. During the filtering process, when the milk is still warm, a small portion of natural or titrated rennet5 is added. The milk takes between 45 and 60 minutes to curdle, and during this time the shepherd turns the cheeses in the gaztategi, removes the previous day's cheeses from the press and leaves them to steep in brine for a few hours. He then prepares a snack and after making the cheeses, lets the flock (artalde) out again and drives it to the andada, where the sheep graze all day till sunset when they are once again driven down to the sheepcote to be milked and the cheesemaking process is repeated.

Once the shepherd has returned to his hut, he tidies it, makes any new fences that may be necessary, heals any sick sheep, attends to the hen-house, works the vegetable garden, and so on. He then makes his lunch (beans, leeks with potatoes, cured meat, eggs with bacon fat or chorizo sausage, etc.) and once he has eaten it has a short siesta, until about five o'clock in the afternoon, when he goes out again for the sheep, drives them back to the sheepcote and milks them, makes cheeses, has dinner, listens to the news on the transistor radio and finally goes to bed at about half past eleven.

In sheepfolds where pipes have not been installed, water has to be carried form a spring, which may be quite some distance away.

In their spare time, some shepherds card and spin a small portion of sheep's wool which has previously been carefully washed and left to dry on shrubs or fences. To loosen out the wool and make it lighter, they card it in opposite directions, and then spin it using a maatilla or txaratilla — an instrument consisting of two cones facing in opposite directions, reminiscent of a diabolo, which is normally made of some dense, heavy wood, such as yew (agiña), oak (aritza), holm oak (artea) or boxwood (ezpela). A small hook, or kakua runs through the narrowest part of this instrument, and from this they hang some strands of wool. Using their left hand, they hang the txaratilla or twisting spindle from these and turn it rapidly so that the fibres are twisted into artillea (wool yarn). When the txaratilla gets close to the ground, they roll up the wool on the same instrument. They continue until they have formed a ball of wool, which is then used to knit the shepherd's thick yarn socks with four needles. Formerly, shepherds would make these needles themselves out of heather wood. They also knit elastikoak (jackets) and traiak (black wool laces used to tie their abarkak — a type of shoe formerly made from raw cowhide, but now generally of rubber). The balls of yarn, orratzak (needles) and the carded wool are generally kept in a rectangular bag, made of untanned lambskin, known as an albazorroa.

Other occupations including building fences out of interwoven branches and making rope out of horse-mane, which is twisted and plaited into various strands. This rope is called zurde-sokea and is well-known for its resistance and durability. It is used to hold the loads carried by donkeys and horses on their panniers (asto / behorotarrak) or in the artolak or kakolak on the packsaddle. Still in some areas, where access to the saroia is difficult, shepherds use horses, donkeys, and mules to carry utensils (trastoak), food and clothing up to the hut. They use the same method to bring lambs down to the butcher and the cured cheese to market for sale.

Others, during their spare time in the summer months, make wooden collars from which to hang the bells used by the animals which graze freely on the mountains. These are traditionally of ash or chestnut wood although more recently, some are made of leather, rubberised canvas or plastic. The size, width, and fastening system depends on the type of animal they are intended for. The external decorations, which may be geometrical or plain, engraved or branded, depend on the individual shepherd. Sheep bells are known as ardi uztaiak, cowbells as behi uztaiak and the bells used for mares as behor uztaiak. On other occasions, the shepherd buys any collars he needs for the coming season at a fair, market, specialist shop or artisan uztaigille to replace ones which have become broken or worn and which might harm the animal's neck.

They also make clappers (mingañak - literally, tongues) for the bells out of the points of cow horns, as well as walking sticks of white hazel (urritza) for day-to-day use: some of these have a small leather strap at one end, and are used during the "little" transhumance drive for going up and down the mountain.

During the winter, when the flocks are in the lower pastures of the coastal area (kostalde), the beterri or goierri, the shepherd's work is particularly arduous. There is a Spanish saying which goes "from May to St. Michael's Day, I want to be a shepherd; from St. Michael's Day to May, let the master look after them". Although the reference is to salaried shepherds, it serves to illustrate the contrast between the difficulties of the shepherd's life in winter compared to the pleasant days of summer (when they have finished making cheeses and only have to tend to the sheep). Many of the shepherds of Gipuzkoa live rough in uninhabited farmhouses or cottages. These buildings are often very badly fitted out and the stable may not be large enough properly to house the number of sheep the shepherd has in his flock. The result is overcrowding: it becomes impossible to remove the manure adequately, and the layers of straw used for bedding pile up inside the stable. This reduces the available space, and in addition, fermentation produces large quantities of ammonia. All of these factors have a very detrimental effect on the health of shepherds and sheep alike, and the flock is often susceptible to a range of different diseases. This can result in loss of wool, miscarriages, footrot, fever, etc. which reduce the milk yield and productivity of the flock.

In addition, the farmhouse and meadows used for the flock are costly to rent. The beginning of the winter is also lambing season and in may cases, it is necessary to tend to the ewes throughout the day, and at the same time look after the lambs (arkumeak –axuriak).

During the day, the shepherd must watch over the meadows and pasture land and ensure that the sheep do not graze in other, unrented land. If the area is not fenced or walled off, shepherds sometimes use an ingenious system to prevent the sheep going into other fields. This consists of placing faeces from the sheepdog in a wide-mouthed vessel, adding some water, and stirring it with a stick to form a liquid mush. This is then daubed around the perimeter of the field with a broom or branch. The method may not be particularly orthodox or hygienic, but it works wonders: no sheep dares to cross the invisible line. In recent years, however, this primitive system has been replaced with the use of electric fencing, powered from a battery and transformer which produces very low current power of a certain voltage. If any of the sheep tries to cross the wire, it receives a small electric shock which will dissuade it from going any further.

Once any lambs that are not to be used for renewing the flock have been sold off, the shepherd begins milking the ewes left without a lamb, twice a day. This selection process is performed in December and January, and only after the lamb has attained a weight of 11 or 12 kilograms. Many shepherds, when selling the lambs, make a prior arrangement with the butchers and abattoirs whereby they keep the rennet (gatzagie or gatzarie) which after drying and treating can be used in making the season's cheeses. Shepherds and farmers with their own sheep, who slaughter the lambs at home also keep the rennet for this purpose.

The ewes are milked twice a day, once in the morning and once in the evening. At the beginning of the milking season, "latxa" ewes produce an average of more than a litre and a half of milk per day, between the two milkings. As the months go by, up to the beginning of May, when the shepherd takes the sheep up to their summer grazing land, the output gradually falls, but the milk has a higher fat content.

Shepherds use this milk to make cheese (gazta, gaztaia) and curds (mamia, mamie, or gatzatue), but the great majority sell the milk to local dairies because they have neither the assistance nor the facilities for preparing the cheese.

Bells, brands and marks of ownership

As far back at least as Roman times bronze and iron bells –tintinus- were used on livestock, for functional and magical reasons.

The word in Spanish for this type of bell, "cencerro" is onomatopoeic, possibly deriving from the Basque zinzerri, or zinzarri, according to J. Corominas in his Diccionario Crítico Etimológico de la Lengua Castellana (Madrid 1954). Corominas attributes the first documented occurrence of the word to J. Rúiz in 1188. Apart from the names mentioned above, there are a number of other terms for these bells in Basque: arana, garea, farea and joale or yoale.

The cencerro is a small iron bell, plated in brass, bronze or copper, with a hoop on the top for hanging it from the necks of sheep, cows, horses or goats. Inside, there is a small ring from which a clapper or mingaña is hung by means of a leather strap. When the clapper knocks against the side of the bell, it produces a noise which can be heard at a great distance. These bells come in many different shapes and sizes, and are known by different names depending on their shape, size, and the area from which the manufacturer comes. There were bell-makers in Gipuzkoa until 1936, the most famous of whom was from Alegia. As a result, the inhabitants of the town are still known as txintxarriak (cowbells). There have been a great number of different bell-makers or joaregilleak in the Basque Country in this century, in places such as Zubieta, Ituren, Alegi, Garzain, Anzin, Sabando, Donazarre, Iturgoien, Nazar and the town of Nay in Bearn. Only a few now remain, including Epifanio Lazkano in Iturgoien, and the Apezetxea family from Lekunberri, who moved their workshop and forge —where they make a complete range of electro-copper-plated bells— to

Goizueta thirteen years ago. They now also make some bells using traditional kiln-plating methods.

Outside the Basque Country, in the neighbouring region of Bearn, there is a workshop in the town of Nay, near Pau, run by M. Maurice Daban, who is the third generation of his family in the business. He specialises in large pot-bellied bells, called truques, known in Basque as dunbak or pulunpak. These are the same bells used by the joaldunak, dancers in the carnivals of Ituren and Zubieta, in Navarre.

There are basically three shapes of bell used in Gipuzkoa, which come in different sizes, classified in the trade by numbers. These are:

Zinzarria or txintxarria: slightly tapering bell, in the shape of a truncated cone, with a round mouth, normally used for lambs (arkumea) and yearlings (bildotsa).

Dunba: pot-bellied bell with a round, narrow mouth, worn by the best sheep and those which act as leaders.

Kalaska: a bell with a rectangular mouth. The smaller ones are used for sheep and the larger ones for cattle and mares grazing on the mountain.

The shepherds buy the bells in fairs and markets to replace any that may have been lost or broken. Because of their price, the bells are valued highly, and often passed down from generation to generation. When a shepherd buys a set of bells, he makes sure that they all have the same timbre; this makes it easy to recognise his own sheep in the fog. The anthropologist T. de Aranzadi from Bergara tells of a lawsuit at the beginning of this century over the theft of a sheep, in which the judge called on various shepherds from the area to listen to the sound of the sheep's bell to determine the owner.

Apart from their merely functional aspect, sheep bells and collars are a source of pride among shepherds when the flock is passing through towns and villages during transhumance migrations along the drover roads (ardibide or artaldebide). They often take a set of bells with them to the blacksmith or txintxargile to be repaired or to have the edges of the mouths reinforced if they have become rusted or worn, and also to have the bells "tuned" to the same note.

In order to recognise any sheep that may have been lost, and to separate easily two different flocks, the shepherds use a series of marks and signs on the sheep, normally consisting of die-marks or marks on the ears.

There are two types of die-mark. In Gipuzkoa it is the practise to daub the sheep with coloured paint, using a stick which has been dipped in paint, or simply to paint the same part of the sheep's body (hindquarter, withers, etc.) with a paint-stick. This is normally carried out a few days after the flock has been shorn in the spring, though lambs are normally marked shortly after they are born. It is also the custom to mark ewes which have been late in lambing and which are still suckling in the mountain pastures, as well as sheep which are receiving some veterinary treatment, so that they can be identified quickly. For these purposes, some shepherds tie a coloured cloth around the sheep's back or withers, while others simply daub it with mud or excrement.

Formerly, shepherds from Gipuzkoa and the Pyrenees used to use ground ochres and iron oxide, mixed with grease to mark their flocks. This practise appears to date back to the Bronze Age, since bits of red iron oxide have been found in some of the dolmens which have been excavated in the area, with signs of wear from use.

This technique of applying dots or strokes in different colours is used above all in the area where latxa sheep are kept. In areas of the Basque Country where common breeds of sheep are raised, however —in the South of Alava and throughout Navarre (except for the north-western region, where there are generally much larger flocks)— the marks are normally made by applying an iron dipped in hot tar and pitch to the freshly shorn sheep The marks generally consists of the initial of the owner's surname or house, or some other sign which has been used for many years by the farm and which is recognised by the other shepherds in the area.

The disadvantage of both systems is that when the sheep are shorn, the painted or marked part of the fleece must be removed, leading to a reduction in the total weight of the wool. Today, the economic importance of this difference is relatively small, but twenty-five years ago, the fleece fetched a price of 116 pesetas a kilo.

The other means of the identifying different herds and flocks is by cutting nicks or holes in the ears of the sheep, cows, goats, horses or mares. This is done with a pair of scissors, a knife or a red hot iron. These marls are preferably made several months after birth, in cold months when there is less risk that flies might infect the wound or lay their eggs in it.

The ear-marks come in different shapes, but the most common are those known as laiategi or laiatille, akatsa, punta motza, burni zulo or zulo, pikandea or garranga, and urkilloa or mirabuztan.

The laiatille or laiategi is a right-angled cut.

The akatsa is a small V-shaped cut on the edge of the ear.

Punta motza consists of cutting off the tip of the ear.

The burnizulo or zulo is a hole in the middle of the ear, made using either a hole-punch or more commonly, a red-hot iron.

The pikandea or garranga is a small nick on the edge of the ear.

The urkilloa or mirabuztuan is a V-shaped sign on the tip of the ear, made with a knife or pair of scissors. The name, which means "kite" [the bird] derives from the fact that the cut looks like the tail of this bird.

By making different cuts in each ear, a large number of different combinations can be obtained. Some cuts can also be made on either the front or the back of the ear. Each shepherd has his own mark which distinguishes his sheep from those of others. For example, one shepherd might put an akatsa in the front of the left ear and a burni zuloa in the right ear, whereas another might use a laiategi in the back of the right ear and an urkilloa in the left ear. The system works well provided the flock does not include sheep bought from other shepherds who have already made their own marks. Nowadays, however, each sheep also has a plastic or metal ear-tag issued by the health authorities. This sometimes gets caught in brambles or thorns, tearing the sheep's ear and making it look as if the sheep has a pitzatue sign. Increasingly, younger shepherds are abandoning the old ear-marking system, arguing that the identification number is shown on the ear-tag anyway.

Larger livestock, such as cattle and horses now often have a registration number as well as their identification tag. This number is applied to the rump or hindquarter of the animal with an automatic numbering device using liquid nitrogen.

Traditional hunting methods

The large predatory animals which once roamed the hills and forests of Gipuzkoa and the Basque Country, and which were so ruthlessly hunted down by man, are now all but extinct in the region. If we look at the Ordinances of Leintz Gatzaga (Salinas de Léniz) dating from 1548, however, we read the following:

«Furthermore, because this town is in the sierra and is surrounded by hills where there are many WOLVES, BEARS and FOXES which kill and maim the livestock and poultry of the townspeople, our ancestors before us and we in our own time have held the custom of issuing a reward of one thousand maravedis to any person from the town who shall kill a bear within the jurisdiction of the town, and to whomsoever shall kill a wolf in said jurisdiction, the amount of five hundred maravedis...».

Although the Liberties of Gipuzkoa make no explicit mention of the question of hunting bears, wolves and foxes, the Liberties of Biscay and the Book of Laws of the Court of Navarre contain several references. The Liberties of Biscay (Title 31) state how and where these animals should be hunted; "whereas the Biscayans have the practise of hunting mountain pigs, bears and other game in their mountains and lands, where they have the custom of hunting game...". Law 60 of the Courts of Navarre from 1743 and 1744 refers to wolf hunters as follows: "Some persons from outside this Kingdom and from adjoining kingdoms, and especially from Aragon, come to this kingdom, bearing a dead wolf or wolf-skin, and travel throughout the kingdom requesting some reward for the benefit supposedly resulting to the owners of cattle and sheep from the killing of said animals; and the townspeople give them some amount of money, which is charged to the accounts of the town...". The Law continues: "the wolves thus brought, as stated, have been killed outside this kingdom, because with one single wolf or the skin thereof, they travel for many months, or even years, wandering from place to place... we call on Your Majesty to issue a Law prohibiting any person from outside the kingdom from going about with dead wolves or wolf skins, requesting monies...".

Law 33, Book V, Title VII of the New Laws of Navarre (Reward for Killing of a Wolf) includes the following: "Chapter Item, for each grown wolf killed six ducats shall be paid, and for each wolf cub, two ducats...".

The Accord of 20 January 1961 (Issued in the Boletín Oficial of February, No. 16) sets out the regulations governing rewards for the hunting of harmful animals. The animals in question are: wolves, foxes, otters, genets, wildcats, polecats, weasels, pine martens, stone martens, badgers, golden eagles, Bonelli's eagles, kites, falcons, goshawks, sparrow-hawks, hen harriers, crows, rooks, magpies, snakes and lizards. The rewards for capturing or killing these animals range from "she-wolf 2,000 pesetas, wolf 1500 pesetas, otter 300 pesetas, vixen 200 pesetas, fox 150 pesetas, polecat 75 pesetas" to "lizard 4 pesetas". The accounts of many town councils in Gipuzkoa contain similar entries setting out rewards for catching and presenting certain predatory animals or a part thereof (paws, head, etc.).

To all intents and purposes, wolves are now extinct in Gipuzkoa, although from time to time we hear stories of attacks by wolves or wild dogs, with great harm to the sheep stocks. Another traditional enemy of the shepherd is the fox (Vulpes vulpes) —known in Basque as axari or azari— which can kill large numbers of lambs and even sheep and decimate the hen-house. To get rid of this animal, shepherds used to hire the services of special vermin-killers, axariarrapatzallea, who would exterminate foxes and other animals, sometimes with an impressive assortment of sprung traps, and sometimes with the poison from the nux vomica plant, strychnine. They carried out their work in the winter when there were no livestock in the mountains, and they required prior authorisation from the Gobierno Civil. These exterminators charged each shepherd a fixed annual amount.

The best known of these azariarrapatzalleak in Gipuzkoa were Borda from Azkarate in the Araitz Valley and Sukia in Zaldibia.

The use of strychnine has been banned for some years in the Basque Country and other parts. The use of traps, nooses, boxes and other devices is also prohibited and is subject to a fine, but is still performed, though less openly than before.

The use of strychnine is very dangerous, not only because it affects all the animals in the food chain, but also because of the hazard it poses for those handling it, and for domestic animals, as it is lethal even in very small doses.

In some areas, traditional methods are still used for hunting wild boar (basurdeak), foxes (azariak), and dormice (muxarrak). For wild boar and foxes, wire nooses are placed on tracks used by the animals. In addition to the sprung traps, shepherds also hunt foxes, badgers (azkonarrak), and weasels (erbiñurea) using an azari kutxa (a wooden box to catch the animal alive) placed in the burrow or azari zulo which they smoke out with smouldering moss.

Other unwelcome visitors to the sheepfold, and especially to the shepherd's hut are field-mice, moles, dormice and weasels, which eat the cheeses left to cure in the cheese room (gaztategi). To get rid of these animals, shepherds use home made "crusher" traps, (satolak or arrapaloak), as well as rat poison and more modern mouse traps.

A number of different systems are used to catch birds; these range from spring-traps to ingenious systems in which a few grains of cereal are placed under slabs of stone, pot lids or sieves, held up by a small stick. This stick is tied to a cord which can be pulled when the birds are eating inside.

In another system, which does not tending, the weight is held up on a number of delicately balanced toothpicks which collapse when moved by the bird.

Crafts and tools related to shepherding

The tools used by shepherds in their work may be divided into two groups, one consisting of those they make themselves and the other of instruments they have to purchase elsewhere from specialist manufacturers or shops.

The first group includes:

The makilla, a straight pole, between 1.35 and 1.46 in length, usually of hazel (urritz makilla), preferably white-barked, which the shepherd uses as a walking stick when he is going up and down the hills, and also for resting on.

The latigoa is fitted with a long strip of leather and acts as a whip. It is used especially when the flock is being driven between the summer and winter pastures, to guide the sheep along dangerous stretches of track and road.

The udeta-makilla or esne-makilla: This is a thick pole, approximately one metre in length and four centimetres in diameter, normally made of hazel, chestnut, or beech wood, with a deep notch at each end. It is used for carrying water from the spring or stream to the hut in two pots hung from either end and secured with handles from the notches. Some shepherds who milk their ewes at a distance from the sheepfold also use this system to bring the milk to their huts. However, since most huts now have running water, this practise is dying out.

Uztaiak or wooden collars to hang the bells from the sheep's necks. These are generally made of ash, although they may also be of chestnut or even hazel wood. These are generally tied using two or four notches at either end. The strip of wood is bent and the two ends bound together with wire. Once they are dry, they can be released to allow the bell to be attached. The collar is then placed round the neck of the sheep and bound again with wire, which is bent in to prevent it injuring the animal or getting caught in brambles. Some shepherds decorate the outside of the collar with simple designs, branded on with a red hot iron.

Shepherd make as many collars as they need for their flock on days when they have least work to do, but some also make extra collars for sheep and cows which they sell at fairs. These behi uztaiak or behor uztaiak are becoming ever less common, however, as wood is replaced by new, more durable materials, such as plastic, leather or canvas.

The clappers of the bells were traditionally made from the tips of cow's horns, but in recent times shepherds have tended to buy plastic ones.

The shepherd often makes his own furniture, with the few tools available to him. These normally include a two-handed saw (trontza), axe (aizkora), chisel (burni ziriya) hand-saw (esku zerra), hammer (mallua), auger (taratuloa), chisel (trintxa), long-handled adze (opatxurra or zellua), drill (birabirgiñe), pliers (tenaza), nails (iltzeak), etc.

Using these tools, the shepherd makes simple three- or four-legged stools, tables, and chairs with woven seats using hazel or chestnut wood. He hollows out beech logs with an axe and adze to make feeding troughs txerri askak of different sizes. These are used for the small herd of pigs fattened during the cheese-making season. The same system is used to make the vessels for the brine in which the cheeses are salted. In some places, I have seen gutters made of long beech branches hollowed into a V-shaped section, which are placed under the eaves of the hut to collect rainwater from the roof and channel it to a tank.

The shepherd also makes his own "crusher" mouse traps (satolak), and the wooden knives used to cut the fresh cheese, known as maton or matoia.

The shepherd also makes the antzaia, a wooden hoop or ring which is tied to the end of a piece of rope and used to fasten loads on horses backs.

The kako or hook, which can be seen in nearly all huts, is used to hang food and clothes from. It is generally made out of a forked beech stick. The shepherd also makes the tools used for spinning and twisting the wool and the horsehair, mentioned above.

The shepherd also makes a number of other tools used in cheesemaking. These include the txurka – a long board of beech wood with sunken grooves and holes. This is placed over the mouth of the abatsa or apaz (a vessel which was formerly made of wood, but which is now of iron or aluminium). The moulds or zumitzek for making the cheese are then placed on this board.

The malatxa is a simple beater made from a switch of stripped holly (gorostia). The four or five branches are bent back and tied with a cord to the switch which acts as a handle.

The iristontzia or iragazkie was a simple funnel, which the shepherds made using birch bark, bent into the shape of a cone and secured to a long pole, which acted as a handle. A bunch of nettles would be placed in the cone through which the milk would be filtered. More recently, funnels made of hollowed-out logs were used. These have since been replaced by funnels made of tin plate or stainless steel strainers, with a piece of wire mesh used as a filter to retain any solid bodies in the milk.

Among the objects made by specialised craftsmen in Gipuzkoa up until the 1930s was the kaiku. In Ataun there was a kaiku-maker or kaikugille by the name of Dorronsoro, who supplied wooden vessels for milking and cheesemaking to most of the shepherds living in the summer pastures of Aralar, Altzania, Aizkorri and Zaraia. The area where this craft —and the use of these vessels— has endured longest is the Baztan and Bidasoa valleys in Navarre.

The kaiku is a vessel made from a single piece of wood, which was used until recently by shepherds and cowherds when milking their herds, and also for making curd (gatzatue, mamia or gaztanbera). The shape of this vessel makes it unique in Europe and Asia. It is made from a hollowed-out a log (generally of birch) although some examples also use alder, lime and walnut.

It is shaped like a truncated cone, and leans forward. The handle rises from the side of the vessel, to a point half-way over the top, bending down slightly towards the inside. Using the kaiku, the shepherd can carry up to six or seven litres of milk with one hand.

The vessel is highly practical; if it is not subjected to sudden changes in humidity it can be preserved in perfect conditions. However, if it is moved suddenly from a damp area to a dry one, or if it is exposed for too long to a source of heat, it will split, and must be patched or stapled together. Because it is made of wood, the kaiku resists better than other materials (such as pottery) the light knocks it receives during milking and cheesemaking and when it is moved from one place to another.

It was also the practise to boil or heat milk and whey in the kaiku, by placing red hot stones in the liquid with iron tongs or matxardak (wooden tongs similar to those used to pick chestnuts when they are still in their cases (morkotza)). This was a very fast method of boiling liquid.

The stones used for heating the milk were generally ophitic or of sandstone, since these resisted best the sudden changes of temperature without splitting or crumbling. Limestone, on the other hand, was not used, because it might burst when being heated amongst the red hot coals of the sutoki (hearth). These stones, which may have been used for this purpose since prehistoric times, are known by several names, including kaikuarri, txukunarri, esnearri, kararri and burdinarri.

As well as the kaiku other vessels were used, including the abatsa or apatza, the apazko txikie and oporra, and the txalie.

The abatsa or apatza is a wooden vessel made from a single hollowed-out birch log. It has a capacity of up to 25 to 30 litres. It is shaped like a truncated cone and on the outside there are two handles on opposite sides. This was used for making cheese.

The apazko txikie and oporra are wooden bowls, made of a single piece of wood, with one handle. The former was larger in size, with a capacity of about half a litre, and was used by some shepherds to eat their soup of cornwheat bread and milk. The oporra is similar in shape but smaller. I have seen these still being used for steeping the cloths used to wrap cheeses in.

Finally, the txalie were wide wooden plates. These were used for eating out of by shepherds and charcoal-makers (ikazkiñak).

Traditional utensils also included a talola, a circular board with a handle where shepherds would prepare cornwheat pancakes, and wooden spoons, which they normally bought at fairs. In Gipuzkoa, the cutlery used for eating was usually of iron, tin or aluminium, now replaced by stainless steel, and wooden spoons were only used for cooking. Even today, shepherds generally use the same knife for all their everyday work, including eating. The most popular knives are made by the French firm Opinel and have a simple catch to keep the blade open.

Dress, customs and traditions

In general, shepherds, in this century at least, wear the same clothes as farmers, with a couple of exceptions, such as the kapusai or txartesa.

Until the 1930s, shepherds from the mountains of Aralar, Aizkorri, Altzania, etc. protected themselves from the rain and snow using a dark brown woollen cape, with broad shoulder pads, which fastened at the front and had a hood. They also wore artillezko galtzerdiak (woollen socks) and laces (abarka tallak) which they knitted themselves. Some shepherds wrapped their feet in a woollen fabric known as mantarrak. On their feet they wore abarkak of raw leather, with trousers made of wool or nankeen cloth, held up by a long cloth sash, wrapped several times around their waists. This belt was generally black with frilled ends and was known as a gerriko. They also wore an alkandora (shirt), elastiko (woollen jumper) and txapela – a black beret with a wide brim, which is still the traditional headgear of the shepherd. For taking food and other belongings up the mountain, they would carry a leather pouch or sheepskin bag, known as an albazorroa.

This outfit has now changed, however: the abarkak are made of rubber and many shepherds use boots; the kapusai has been replaced by rain-suits rain-jackets or anoraks, trousers, denim jeans or boiler suits, a check flannel shirt, and an umbrella, although the beret is still used.

The shepherd's life in the pasture land becomes more monotonous once the cheesemaking season comes to an end, and is interrupted only by the weekly visit to the fair, or weekend visits from relatives, friends and hill walkers, when the shepherd has an opportunity to exchange news, listen to the radio, watch television or play cards.

In former times, when the shepherds stayed in their txabolas for long stretches at a time, they would spend some of their leisure time playing handball in rectangular courts, known as pelotalekue. These courts can still be seen in the mountains of Aralar, next to the Mendibil and Esnaurreta sheepfolds in the Pikuta field, and close to the Pardeluts well, not far from the legendary rock of Amabirgiñ Arrie at the head of the Arritzaga ravine. According to legend, Our Lady of Arantzazu trod on this block of stone, and left the imprint of her foot there forever. A small niche was later carved into one side, in which a statue of the Virgin was placed. It used to be the custom for shepherds, cowherds and others walking in the mountains to pray there and to leave a donation, which would go to paying the chaplain of St. Michael in excelsis or the friar who tended the shepherds in the summer in the chapel of Errenaga to celebrate a mass to protect the shepherds and livestock from lightning, storms, sickness and evil spells.

There are also records of another pelota lekue and a menhir which has fallen and split in two, known as Saltarri between the sheepfold of Elutseta and Mount Ganbo (1,427 m). The shepherds of the area would meet around this stone to play games and make bets. One of their favourite games was to try to jump lengthways over the limestone monument with their legs held together.

In the area of Aloña, Aizkorri and Altzania, it is the custom for a Franciscan friar from the Sanctuary of Arantzazu, with an assistant, to go up into the mountains, travelling from hut to hut and blessing the flock, pastures, txabola and shepherds. He then leaves a medal or religious print which the shepherd nails to the door of the hut. In return, the shepherds give the friar a present of a small cheese, called a praileko gaztaia (the friar's cheese). Formerly, this practise was performed in other mountains, such as Aralar, Ernio, etc., where not only the Franciscans, but also Passionists, Capuchins and others would go.

Nowadays, shepherds from the area go down to Ordizia on Wednesdays to sell their wares, buy food and other items at the weekly fair. There they meet other shepherds and farmers, and often stay to eat together in a tavern in the town and exchange information on sales of flocks and other matters of interest.

Another custom which used to be quite widespread —and which reflects the deep sense of solidarity which exists in the Basque rural world in general and among shepherds in particular— was the mutual aid or bildots lorra mentioned by J. Thalamás5. When any particular misfortune had befallen a flock (epizootia, multiple deaths from lightning, falling over cliffs, attacks by wolves or dogs, etc.) or when a young man wanted to start his own flock, each neighbour would provide one sheep to help the shepherd.

Similarly, if a farmhouse is burnt down and its owners do not have sufficient money to rebuild it, neighbours from nearby towns donate small amounts of money and materials, and on occasions a raffle is held to provide extra funds.

In order to protect the txabola, the hut and other constructions adjoining the sheepfold from lightning, storms and evil spells, the shepherds puts small crosses made of laurel (Laurel nobilis), blessed on Palm Sunday, on the frames of doors and windows and between the stones in the walls. Some shepherds put a few drops of wax on the upright and crosspiece, from a candle (argizarie) which has previously been blessed on Candlemass (2 February). This is believed to make the cross much more effective, since blessed candles have special protective powers against lightning and storms. Others use branches of beech (lizarra), crosses of whitethorn (elorri gurutzea), religious prints, medals and Cardoon (Carlina cynara) or Carline thistle (Carlina acaulis) flowers for the same purpose.

Each flock normally includes one or two black sheep, which are believed to ward off evil spells and jinxes.

The shepherds of Aralar, Entzia (Araba), Aizkorri and Altzania fold pieces of paper with religious inscriptions on them and place them inside some of the sheep bells, to protect the animals. To prevent the paper from falling out of the bell, they press in the mouth of the bell which they then put on one of the best sheep in the flock. This protective element is known as an kuttune. The inscriptions are obtained from the parish church of St. John the Baptist, in Olaberria and when the Cistercian nuns had a convent in San Bernardo de Barria, near Narbaxa (Donemiliaga), they would also supply them.

The shepherds of Aralar would not drive their flocks up to the mountains in spring or down to the valley or coast in autumn on a Friday, as a mark of respect for the death of Christ.

One custom which is still kept up by some of the older shepherds in Aralar involves removing the large dunbak bells from the "guide" sheep as a sign of mourning when a member of their family dies. For the shepherds, it is a question of pride that their sheep should be bright and clean on the transhumance marches, and that their large bells should ring out loud in the towns and villages they pass through. By removing the bells, then they give a clear sign to local people of their bereavement.

There are many references in popular folklore to the work and products of the shepherds, often in the form of proverbs or saying. There have long existed collections of proverbs containing many references to shepherds, flocks, and cheese. One of these was published by Mondragón historian Esteban de Garibay and Zamalloa in Antwerp in 1581, under the title Compendio historial de las chrónicas y universal historia de todos los reinos de España (A historical compendium of the chronicles and history of all the kingdoms of Spain). In his "Memoirs" he mentions having sent two collections of proverbs in the Basque language to Juan de Idiaquez, 1596, one of which was: "Arçaiac aserra çiteçen. Gastac aguiri çiteçen" (the shepherds quarrelled and the cheeses appeared). Later Lope Martinez de Isasti from Lezo gave another version: "Unayac arritz citean, gastaac aguercitean" (the cowherds quarrelled and the cheeses appeared). The same proverb also exists in Spanish "Riñen los cabreros y descúbrese lo de los quesos" (the goatherds quarrel and the cheeses are revealed). Another of Garibay's proverbs goes: "Ardi chipia, veti vildos" (a small sheep is always a lamb). Other proverbs make reference to the weather: "Martxo kaldartxo, ez ardi ez artantxo" (treacherous March, neither sheep nor lamb).

Popular veterinary and medical practises

Traditionally, shepherds are reluctant to use the services of doctors and veterinarians, often thinking that they themselves have a larger store of popular knowledge, passed down from generation to generation, and it is only when things get particularly difficult that they call on the assistance of more conventional services.

The long distances involved and the few systems of transport which formerly existed, and the financial cost of using medical or veterinary services if the shepherd does not have Social Security or veterinary insurance, coupled with a certain lack of education, mistrust and difficulty in communicating in

Spanish or French, mean that many shepherds still prefer to resort to traditional folk cures.

I remember one day, some 35 years ago, finding a shepherd in the Aralar mountains who I had been interviewing, in his hut, blinded in one eye by the explosion of the carbide lamp he used for light. Several days had passed since the accident, and the only thing that he had done was to wash the wound in an infusion of camomile, but he was not in the least prepared to go to see a doctor to try to cure the wound and recover his sight.

In general, folk medical and veterinary remedies are confined to specific types of condition, such as fractures and dislocations, digestive problems, diseases of the skin and respiratory apparatus, and problems with blood circulation and urinating, in both man and sheep.

Most medical matters are dealt with by the shepherd himself, and only on rare occasions will he go to a petrikillo or folk-healer from the area.

Fractured bones are a relatively common problem among sheep. To treat these, the shepherd immobilises the limb using four boards which are secured and tied in a bandage dipped in egg white and wrapped in plaster.

When the lambs' tails are cut —to make them easier to milk later on— the shepherd finds a joint between two vertebrae. He then holds the lamb's back legs between his own as he cuts the tail with a sharp upward blow of his knife, leaving about eight centimetres behind. This operation is normally carried out in cold and dry weather to prevent possible infection.

In order to wean the lambs, some shepherds dip the ewe's teats in dog faeces. To soften up the teats and udders, they fry camomile flowers in butter or oil and rub them with this mixture.

Above all, popular medicine uses the various medicinal plants which grown in the mountains.

Here are some of these folk remedies:

To cure warts (karetxak), either rub them with the juice of a bulrush and garlic, or throw some salt in the fire.

For a sore throat, drink a decoction of oregano, hang a pouch of ashes from the hearth round your neck, or put a piece of wax (argizarie), blessed on St. John's Day, on your neck.

A good laxative is an infusion of tartiku belarra (Dafne laureola), added to the surplus whey from the cheesemaking process.

To relieve a sprained ankle, take vapours of ivy.

To extract splinters and thorns, apply a piece of bacon fat to the affected area and after a short time the splinter may be removed easily.

For rheumatism, rub with nettles or oil of hackberry (mitxarro) or walk through the iron rings close to the Cross of Ernio (1,072 m) or walk several times under the chains in the Sanctuary of St. Michael, in Aralar.

As a remedy for headaches, place your head in a hollow altar whilst at the same time praying and making an offering. In Gipuzkoa, there are altars with niches in them in the churches of St. Stephen, in Urdaiaga, St. Peter, in Zegama, and there is a similar one in the chapel of St. Michael of Aralar.

To cure earache, introduce some drops of oil at body temperature, previously fried with camomile flowers (kamamilla) or drops of oil from the lamp in the chapel of St. Gregory in Albiztur.

To cure chilblains, rub the affected area with leaves of henbane (ospel belarra) and then bandage.

For a stomach ache (tripako miña), drink an infusion of camomile, a glass of Basakana liqueur (an anis-based drink) or some camomile liqueur (kamamilla).

To clean the bladder and aid urination, drink an infusion of "horsetail" (azari buztana). Shepherds also use an infusion of a fern called auntz garo or aitzeko garo or drink water in which corn roots (arto bizarrak) have been boiled.

To heal burns, apply crushed nettle leaves to the affected area. Other variations involved applying an ointment made by boiling medulla of elder (intxusa), mixed with beeswax or the "dust" (spores) of the fungus known as astaputza.

To get rid of intestinal worms, drink a decoction of garlic in milk or a small glass of wine with peeled garlic, soaked for several days in the evening dew. Repeat for several days.

To stop diarrhoea, drink water in which brambles (lar puntak) have been boiled or a decoction of the fruit of the dog-rose, popularly known as "arse-stopper".

For high blood pressure (odol kolpea), drink the water of the dodder (zain gorri) or hollyhock (malma belarra) which is said to be good for "thinning" the blood.

Cheese and other sheep products

From his flocks, the shepherd obtains meat, wool, milk, sheepskin and manure. In extensively-farmed mountain areas, other livestock are also kept, including mares and ponies (muxalak), and cattle of Pyrenean, Alpine and mixed breed which are all used for their meat.

The latxa sheep of Gipuzkoa, may be divided into two main groups. In the east of the province are the mutur gorri, with fair or reddish faces and in smaller numbers, ardi pinttoa — rough-fleeced but good milkers. In the west the sheep are black-faced — ardi mutur beltza. Some come from the Gorbea areas and have a clump of hair on their brows. They are also good milkers.

The pigs which graze freely on the communal mountain lands are generally grouped in small herds and are quite young. Some shepherds buy pigs them at the beginning of the season to fatten them up with any whey left over from the cheesemaking process. During the summer season, they feed off waste, mash and beechnuts (pago ezkurra). To protect them from the elements, there is usually some form of building in the sheepfold or some simple metal covering, known in some places as a txerritegi.

The most important product obtained from latxa sheep, however, is the milk, which is used to make cheese and curd.

When fresh, the cheeses weigh about two kilograms, but after three months of drying and ripening in the gaztategi, this figure drops to about 1.5 kilos. The most popular cheeses, however —and those that sell best— are smaller in size and thus cheaper.

Before taking them to be sold, the shepherds wash the cheeses with a brush to remove the thick layer of mould which makes the product less visually attractive. Once the mould has been removed, the rind is a bright marble colour. The two sides should be parallel and the cheese should be smooth and free from cracks, with a the mark of the cloth in which it has been wrapped still slightly visible.

In Gipuzkoa many of these cheeses are smoked in a special room in the hut, or in a separate building. In former times, when the conditions under which they were made were less hygienic than today, were they were smoked more intensely to hide bad tastes and to prevent infestation by worms. Today, they have only a mildly smoky taste and are pale in colour.

These traditional home-made cheeses are very popular and are sold either singly from the hut itself or on occasions to an agent or restaurant, sometimes on commission.

As well as the cheese, during the winter months in the kostalde or beterri and once milking has begun, the shepherd keeps a small amount of milk with which to make curd (mamia or gatzatua). The curd is made by boiling the milk at least two times and then leaving it to cool to 36° or 37° Centigrade.

Until about seventy years, it was still the practise in some areas to put red hot stones in the milk to heat it. These esnearriak gave the milk a slightly charred taste which was very popular. The milk was then left to cool to about 37°C. In order to measure this temperature, the shepherd would dip his finger or elbow in the milk and if there was no difference with his body temperature, it was considered to be about right. He would then add a bit of natural rennet, to ensure that it curdled properly.

The rennet used nowadays is generally titrated, and it is easier to get the right dose. The milk is then stirred hard and poured into five-litre pots and left to rest for just over three quarters of an hour, after which the curd is ready to be eaten or sold.

In other parts of the Basque Country, the whey left over from the cheese making process is boiled to make curd or zenberona which is eaten fresh or salted and cured.

Relation between arable and livestock farming

Arable and livestock farming have always had very close ties, and each depends on the other for the subsistence of the traditional economy on which the Basque countryside is built. In his study of land ownership, M. Lekuona6 writes that he has heard farmers in Andoain say: Soroak zor du larrea (the meadow is in debt to the pasture land) or Nekazariak zorra dio artzaiari (the arable farmer is in debt to the shepherd).

As I have already mentioned, the shepherds of Gipuzkoa divide the year into two very different seasons: in the spring, summer and part of the autumn, their sheep graze on the mountains in areas where there are still communal lands, "unions" and parzonerias where they have free use of the grass, water and firewood. During the rest of the year, from late autumn to the beginning of spring, they stay in the lowlands, renting fodder from some local farmhouse. In some cases, the shepherd or his family may have their own farmhouse at the foot of the mountain, but more often than not he owns no land and must rent the winter land, staying in an uninhabited farmhouse.

In many cases, these farmhouses in the beterri or kostalde areas of Gipuzkoa and Bizkaia are in a poor condition. The sheep graze in barrutiek (walled or hedged meadows) which are fertilised by the sheep dung. They are also put out to graze on croplands which the owner wishes to fertilise. Before the invention of industrial alternatives, this was the best way of improving harvest and crop land (corn and wheat fields, orchards, etc.).

Epilogue

Having looked at some of the traditional practises of the age-old art of shepherding, I must now go on to state that the last twenty years have seen greater changes and developments in this area than all of the previous five thousand years.

I base this judgement on a number of different factors:

Forty years ago, I knew sheepfolds in Gipuzkoa where the huts had no window, chimney, or bed. The smoke escaped through the stone walls, roof and above the door. The shepherd slept on a bed of heather (txillarrak), held in by logs. The sloped roof was made of sods or a thick layer of ferns (garoak). He cooked over an open fire, using a saucepan or pot hung from a chain. Light was provided by an oil or acetylene lamp (krisellu) or in many cases, simply by the flames in the hearth (sutoki).

The kitchen utensils have all changed too: formerly clay pots, were used, with wooden cooking utensils and salt cellars.

The water had to be carried from a well or spring, which often stood at some distance from the sheepfold, in an area of difficult access.

The drinking troughs and mangers were generally made from logs of beechwood, hollowed out with an axe and adze.

The tracks leading to the sheepfolds were generally narrow and in some stretches were no more than steep bridle paths.

Some of the utensils used for making the cheese, such as the abatsa and the apazko txikie were of wood, as were the moulds (zumitzeak) and the filtering funnel for the milk (iragazkia) and the beater or malatxa which was made from holly wood.

The sheep were milked by hand, and the shepherd had to crouch down behind each ewe, without a milking stool, as they moved around freely in the sheepcote.

The conditions of health and hygiene in which the shepherds and sheep lived and the cheeses were made, left much to be desired.

The transhumance marches up and down the mountains, ran along traditional drover trails and stretches of road.

Now, however, most of the huts have been transformed, and many are much larger than the former buildings. They are built of a structure of concrete beams, with proper roofs, paved floors and glass windows. They contain various rooms, a kitchen with running water, a solid fuel stove or gas burners, a shower and hand basin, a bedroom with a proper bed and mattress, a room for the cheeses and a small storeroom. Many are powered by solar cells, which provide enough electricity to light the hut, and operate a radio and a television for a few hours every day. There is also a gas-operated fridge or freezer.

The utensils and recipients for making cheese are of iron, stainless steel or aluminium, and the strainer is of metal. Gas heaters are used for the Bain Marie, with stainless steel buckets and spring-loaded or even hydraulic presses.

The paths leading right to the sheepfold itself are often accessed in off-road vehicles.

The sheep are milked in a type of box or cage, which immobilises the ewe throughout the operation. The shepherd has a seat to sit on, and is often protected from the elements.

Regular veterinary check-ups, vaccination, milk monitoring and anti-parasite showers or baths are now a regular feature of practically all flocks.

The spring and autumn transhumance is almost exclusively by cattle truck.

Some lowland sheep farms and upland sheepfolds have milking machines for milking the ewes in lines or circular pits, and some even have a conveyor belt system. This makes this arduous task much faster, more efficient and more hygienic. Many farms have stainless steel vats to keep the milk cool before it is made into cheese.

Special fairs and markets for local products, as well as the new Denominación de Origen Regulatory Body for Idiazabal cheese and a great number of competitions for latxa cheeses have helped to increase production and standardisation of both the smoked and unsmoked varieties of sheep's cheese.

This year a new School of Shepherding (Artzai Eskola) has opened in Arantzazu: the future of shepherding and the latxa breed would appear to be assured, although many traditional methods will have to be adapted to the new conditions if they are to survive.

Average annual consumption of cheese in the Basque Country is just 8 kilograms per head, compared to an EU average of 15 kilograms (Greece 21 kg and France 18 kg): clearly there is no danger of reaching a point of market saturation in the near future; and increasingly chefs are looking at new ways to use cheese in main dishes, promoting it from its traditional position as a dessert.

Notes

[1] - *Nueva Recopilación de los Fueros* (New collection of Liberties). Reprinted in Tolosa 1867. Facsimile, Valladolid 1976. The following entry is taken from p. 325: *Although at all times it has been prohibited for goats to be brought to other lands, mountains and estates other than the lands, mountains and estates of the owner of said goats,* (Henry IV, Vitoria 30 March 1457), *and a fine was formerly imposed of ten* blancas *for each goat and five for each kid found on other lands or estates, the custom of having and keeping such goats in such a way has been general almost throughout all the province, resulting in considerable damage to the hills and fruit trees of councils and private individuals, who have therefore required that greater fines be levied than those set forth in former Ordinances. We order and command that said Ordinance be kept and obeyed and that the fine for transgressions thereof shall be twenty-four* maravedis, *for each goat and twelve* maravedis *for each kid, and with this revision of the fines the former Ordinance is hereby executed, as follows: Henceforth, in said Province, no person shall bring goats to other lands, mountains and estates other than the lands, mountains and estates of the owner of said goats any goats which may be found therein shall be subject to a fine of ten blancas for each fully grown goat and five blancas for each kid, and this Ordinance shall be applied and shall be obeyed throughout all the province and no person shall act against this Ordinance on pain of a fine of three thousand* maravedis *for each Council, or Town or Place, and one thousand* maravedis *for each person* (Philip II, Madrid 15 April, 1589).

[2] - Villareal de Berriz, P.B.: *Maquinas hidráulicas de Molinos y Herrerías, y gobierno de los árboles y montes de Vizcaya* (The hydraulic machines of mills and forges and the governance of forests and mountains in the province of Biscay). Madrid 1736 facsimile. San Sebastian 1973.

[3] - Liberties of Gipuzkoa. Facsimile, Lex Nova, Valladolid 1976.

[4] - Fermín Leizaola, paper to the Seminar on Anthropology: *Símbolos Mágico-Religiosos en el Mundo rural de Euskal Herria* (Magic/Religious Symbols in the rural world of the Basque Country) S.E.V. Iruñea 1998.

[5] - Thalamás Labandibar, Juan: *Aspectos de la Vida Profesional Vasca* (Aspects of Basque Professional Life). Donostia 1935.

[6] - Lekuona, Manuel de: *Idazlan guztiak* (Complete works) *2, Euskal etnografia*, Tolosa 1978, pp 26, 27.

Bibliographie

ARIN DORRONSORO, Juan de.
Notas acerca del pastoreo tradicional de Ataun, Anuario de Eusko Folklore No. XV. Sociedad de Ciencias Aranzadi. San Sebastián 1955.

BARANDIARAN, José Miguel de.
El Hombre Prehistórico en el País Vasco. Publ. Ekin. Buenos Aires 1953.
Notas sueltas sobre el pastoreo en Gorbea (Vizcaya), Anuario de Eusko Folklore No. XV. Sociedad de Ciencias Aranzadi. San Sebastián 1955.
Hojas de Eusko Folklore No. 47 – 1924 – El Mundo en la mente popular Vasca. Publ. Auñamendi. San Sebastián 1960.
Diccionario ilustrado de mitología Vasca . Obras Completas, Volume 1. Bilbao 1972.

CILLAN APALATEGUI, Antonio.
La Comunidad Foral de Pastos en Guipuzcoa. Imprenta de la Diputación de Gipuzkoa. San Sebastián 1959.

ECHEVERRIA, Teófilo - ECHEVERRIA, Augusto.
El ganado ovino de raza Lacha en Navarra. Diputación Foral de Navarra. Pamplona 1970.

EGURCEGUI ARRONIZ, Jesús.
La vida del pastor y el manejo del rebaño . Vitoria-Gasteiz 1995.

GIRO MIRANDA, Joaquín.
Memorias de un pastor riojano. Logroño 1985.

GOÑI, Carmen de.
Algo sobre la Parzoneria General de Guipuzcoa y Alava. Anuario de Eusko Folklore. No. 15. Sociedad de Ciencias Aranzadi. San Sebastián 1955.

GOROSABEL, Pablo de.
Diccionario Histórico, Geográfico Descriptivo de Guipuzcoa. Facsimile edition of the Gran Enciclopedia Vasca. Bilbao 1971.

LEIZAOLA, Fermín.
Uztai Egillea. Anuario de Eusko Folklore No. XXIII. Sociedad de Ciencias Aranzadi. San Sebastián 1967-68.
Algunos aspectos de la artesanía rural en Navarra. Revista Munibe - San Sebastián 1971.
Contribution à l´Etude des Artisans du Bois au Pays Basque. Proceedings of the First International Conference on European Ethnology. Paris 1971.
Cuchareros del País Vasco. VI Conference of Pyrennean Studies. Bagnères de Bigorre 1971.
Aspectos de la vida pastoril en el País Vasco. II Seminar on Basque Anthroplogy. Bilbao-Deusto 1973.
Algunos sistemas de colocar badajos a los cencerros empleados en el País Vasco. Paper presented to the VII Conference of Pyrennean Studies, held in Seo de Urgel and Andorra in 1974.
La ganadería como actividad preindustrial. Técnicas pastoriles. III Seminar on Basque Anthroplogy. Bilbao 1976.
Euskalerriko Artzaiak. Publ. Etor. San Sebastián 1977.
La Cultura pastoril. Volume I of the Enciclopedia *Euskaldunak.* Publ. Etor. San Sebastián 1978.
Notas sobre el pastoreo en Gorbea. Bilbao 1979.
Euskal Etnografía, álbum de diapositivas comentadas. Banco de Vizcaya. San Sebastian 1979.
El pastoreo tradicional en Gipuzkoa - notas para su estudio. Narria. Madrid 1991.

OTERO, X.; EPALZA, A.; and LEIZAOLA, F.
Kaikugilleak, Domingo Etxandi. Iruñea 1987.

SANCHEZ TRUJILLANO, María Teresa and GOMEZ MARTINEZ, José Ramón.
Rebaños, La ganadería tradicional a través de las colecciones del Museo de la Rioja. Logroño 1995.

THALAMAS LABANDIBAR, Juan.
Aspectos de la Vida Profesional Vasca. Donostia 1935.

VILLAREAL DE BERRIZ, Pedro Bernardo.
Máquinas Hidráulicas y Gobierno de los Árboles y Montes de Vizcaya. Facsimile edition. Sociedad Guipuzcoana de Publicaciones. San Sebastián 1973.

ZUMALDE, Ignacio.
Historia de Oñate. Edic. Diputación de Gipuzkoa. San Sebastián 1957.

Illustrations

I. Fastening the collar on a sheep-bell.
II. Angel Artza makes cheeses at his hut in Enirio (Aralar).
III. A shepherd and his dog in the fields of Degurixako Zelaia (Aretxabaleta).
IV. Elixabete Arrillaga from the Laskolatza hut (Parzoneria - Urbia) with a sheep.
V. Shepherd Juan Isidro Sukia in Gaintza. In the background, the Aralar mountain range with Larrunarri (Txindoki) in the near distance.
VI. Traditional sheep shearing.
VII. A ewe suckles her lamb.
1. Tending the sheep in the Elordi district (Aralar).
2. Pastureland in Urbia. In the background, the Aizkorri massif, with Arbelaitz and the Arbelar sheepfold.
3. Orendain, one of the villages in the *Unión de Enirio-Aralar.*
4. Driving the flocks up in May to the mountain pastures, where they will remain until November.
5. A shepherd and his flock ascend from Larraitz towards the Errekonta hills (Zaldibia).
6. Joxantonio Ormazabal from the Urretabizkaia farmhouse in Gaintza, at the Muitze sheepfold in Aralar.
7. Farmhouse in the Gezaltza district of Arantzazu with sheep in the cultivated pasture land.
8. José Ignacio Gorostegi from the Gorostizu farmhouse in Gaintza, with his herd of goats.
9. Detail of the head of a *latxa* breed sheep ("blond" variety).
10. *Latxa* sheep and lamb ("black-faced" variety).
11. The Buruntzuzin sheepfold, with the old hut of Lukas Artano from Amezketa. In the background, halfway down the slope, can be seen the Ariñate sheepfold, in Aralar.
12. A flock of sheep goes up the Ondarre track in Aralar.
13. At the end of the autumn, the sheep are taken down to the coast or valley. The Arritzaga precipice in Aralar.
14. "Keixeta" goes down to market from his hut in Ernio.
15. Pastureland in Zaldibia. In the background, the Txindoki ridge.
16. A flock of sheep grazes in Aralar.
17. An old shepherd's hut in the shaded area of Aralar.
18. A hut inhabited for many years by Miguel Murua, in Oidui – Aralar.
19. One of the huts in the marshland area of the Degurixako hollow (Aretxabaleta-Eskoriatza).
20. A flock of sheep from the Doniturrieta Azpikoa sheepfold (on the south-facing slopes of Aralar), in the milking enclosure.
21. The gable wall of a shepherd's hut.
22. The Elordiko cottage and Ariñate huts, in the Ondarre area, beneath the summit of Larraone (Aralar).
23. The Arritzaga sheepfold on the Arritzaga bank, next to the ruins of the old copper mines.
24. A hut with stones on the roof to prevent it being blown away. In the background, the Aizkorri massif.
25. My friend Eulogio Mendizabal prepares a meal in the *beko sue* of the Oidui hut (Aralar).
26. The *gaztandegia* (area for curing and drying the cheeses) in the Zelaieta farmhouse in Orendain.

27. Folk charms and religious objects on the door and doorframe of a farmhouse in Zerain, used to protect against lightning, storms and evil spells.
28. A shepherd and his dogs set out to find the flock.
29. A shepherd from Ernio milks his ewes in the *eskorta*.
30. A *txaratila* for twisting the strands of wool and making the yarn (*artilea*) (kindly lent by P. Arruabarrena and K. Aduriz).
31. The *Kaskagorri* brothers in their hut at the Oiduiko sheepfold. In the foreground, Jesús spins the wool, using a *txaratila*.
32. An old woman makes woollen socks from the spun wool.
33. Rubber *abarkak* with woollen laces spun and braided by hand (*abarka trailak*).
34. Anastasio Balerdi Beloki heads up to the sheepfold in the spring, taking his sheep and his belongings with him. Notice the egg laid by the duck in the cage during the ascent.
35. Different types of sheep-bells and wooden collars.
36. Putting out feed in the mangers.
37. A ewe cleans her new-born lamb.
38. Juan Ixidro Sukia with lambs of a few days old.
39. At Christmas, many of the lambs which are not going to be used to restock the flock are slaughtered.
40. Ixidro Aierbe from the Aldaskorta farmhouse in Zaldibia comes out of the stable with his flock and his *marmita* pots for milking the ewes.
41. Putting the *dunbak* ("pot-bellied" bells) on the best sheep in the flock. As a sign of mourning, the shepherd removes these bells during the transhumance drive if he has suffered a death in the family.
42. Checking that all the bells for the flock sound the same.
43. Joxantonio Ormazabal from the Muitze hut in Aralar fastens the wooden collar used to hold the *dunba* sheepbell.
44. Sheepbells and little bronze bells of different shapes and sizes at a stall in the Ordizia Fair.
45. Sheep with ear-markings.
46. A flock of sheep (Urkulu - Baxenabarre) with colourful markIngs.
47. A modern system for marking horses grazing in the Aralar area, using liquid nitrogen (Larraitz, Abaltzisketa).
48. A recently-taken photograph of Jeronimo Sukia, from Zaldibia, the famous *alimañero* or trapper of predatory animals.
49. A genet. This carnivorous mammal can decimate the hens kept by shepherds on the sheepfold.
50. The shepherd of the Duru sheepfold, in Oñati, at the door of his hut, surrounded by utensils for making cheese.
51. J. Sukia as a young man, when he trapped animals in the Arkaka area (Zaldibia).
52. A *behorzale* or "mare-herd" locates his herd with the aid of a pair of binoculars.
53. The *makila* (a hazel-wood walking-stick) and often a cigar are amongst the shepherd's inseparable companions.
54. Mares with plastic collars.
55. Shoeing mares.
56. A mule carries a load in its panniers.
57. Making artisan cheeses. Pressing the *maton* of fresh cheese in the mould on a grooved board, known as a *txurka*.
58. A *kaiku*, a vessel made out of a single piece of wood and used for milking sheep and goats. It used also to be used for making curds and for boiling the milk or whey, with red-hot stones, placed inside. (kindly loaned for the photograph by P. Arruabarrena and K. Aduriz).
59. An *abatza*, made out of a single piece of wood. This vessel, larger than the *kaiku* was used until the 1950s in many sheepfolds to curdle the milk for making cheeses (kindly loaned for the photograph by P. Arruabarrena).
60. Weighing the cheese on a set of scales.
61. Basque Sheepdog pups next to a shepherd dressed in *abarkak* and woollen socks.
62-63. An old man from the Urkia district in Itsasondo.
64. Washday at the Duru hut in Oñati.
65. Sheep in the sun.
66. A stall selling registered Idiazabal cheese at the market in Ordizia.
67. Protective crosses on the lintel of a hut in Urbia.
68. A flock of sheep pass by a cross commemorating the death of a young shepherd.
69. A shepherd prepares the sheep for the descent to the lower pastureland near the coast.
70. Some shepherds from the Navarrese area of Aralar spend the winter along the coast of Gipuzkoa and take their flocks to the pasture lands of Andia and Urbasa in summer. In the photograph, a flock goes up the road to the Lizarraga Pass. In the background, Beriain and the chapel of San Donato may be seen.
71. A shepherd walks down the road leading from Aralar to the village of Lakuntza.
72. Joxantonio Ormazabal's flock on the move in the pastureland of the Muitze area.
73. A shepherd drives his flock to new grazing land.
74. Veteran and expert shepherd Joxe Urretabizkaia from the Zirigarate Bekoa hut, with his dog and a lamb.
75. Shepherds in silhouette.
76. Healing a sheep's hoof using an antibiotic spray.
77. White Spongy Trunk Rot (*Fomes fomentarius*) on a beech tree. This fungus, known locally as *ardagaia,* was used as tinder to make fires, and also to stem bleeding.
78. The legendary Sanctuary of St. Michael *in excelsis* on a winter's day (Navarrese Aralar).
79. After the storm comes the calm. A rainbow in Abaltzisketa.
80. Idiazabal sheep's cheese.
81. The mare-herd, Joxe "Maiorra" Zeberio in the Urkillaga hills in Ataun.
82. Elixabete Arrillaga, shepherdess, on the Laskolatza sheepfold in Urbia.
83. Luis María Iglesia with the pigs he fattens with whey and fodder, below his hut in Ariñate.
84. The silhouette of a cow, in the *Parzonería* of Altzania.
85. "Bixar", filtering the milk from the ewes and gathering it in pots.
86. *Latxa* rams (*ahariak*) of the "blond" variety, in amongst the ewes.
87. *Keixeta* from Errezil, a shepherd from the Axeri Buztana hut, on the slopes of Ernio.
88. Beating the curdled milk and adding hot water. This is one of the stages used in traditional cheese making in the shepherd's hut.
89. Miguel Antonio Sukia (97), shepherd, makes cheese using traditional utensils – a *marmita* (pot), a *txurka* –or wooden board– and a *zumitze* (wooden mould)– beside his farmhouse in Zaldibia.
90. Elutseta sheepfold, with Larrunarri (Txindoki) in the background.
91. A flock of sheep in the lowland winter pastures. In the background, the Aizkorri and Aloña mountains.
92. A pig sty among the ash trees, in the Oidui sheepfold (Aralar).
93. A flock of sheep from the Doniturrieta Azpikoa sheepfold, with their shepherd and the shepdog.
94. Modern cheese-making techniques are taking over from traditional ones. Amelia Jauregi squeezes out the *maton* of fresh cheese before wrapping it in a cloth and placing it in a plastic mould. Baztarrika farmhouse in Gabiria (Farm tourism centre).
95. Increasingly, automatic milking systems are being installed in farmhouses, to make the work more hygienic and less arduous. In the photo, the milking room of Gerardo (*Mozo*) Garmendia in the Aizporra farmhouse in Zaldibia.
96. To promote Idiazabal cheese and encourage improvements in quality, as well as the work of the official Regulatory Body, tasting competitions are held in different part of the Basque Country, with specialised juries. The photo shows the famous cheese competition held every year in Ordizia – the "cheese capital".
97. Sunrise over the Zelaieta farmhouse in Orendain. Joxantonio Garmendia waits for the lorry from a local dairy to collect his milk.
A. Map of pasture areas in Gipuzkoa (summer and winter): **1.** Arno. **2.** Izarraitz. **3.** Ernio. **4.** Zaraia. **5.** Aizkorri-Altzania. **6.** Enirio Aralar.
B. Flock trails and winter pastures in Gipuzkoa: **1.** Association of municipalities of Enirio-Aralar. **2.** *Parzonería* of Altzania.
C. Oabiel. Aralar (Gipuzkoa). Area: Solana. Sheepfold of Oabiel. Juan Ignacio Begiristain. Ibondo farmhouse - Aia district - Ataun. **1.** Shepherd's hut. **2.** *Eilorra*-Coop. **3.** Vegetable patch. **4.** Ruins of the hut (now a dumpsite). **5.** Thicket of ash trees, used as a sheepcote. **6.** Woodshed. **7.** Platform for the new hut. **8 and 9.** Kennel.
D. José Oyarbide's hut and surroundings. Sheepfold of Oltze, Aizkorri. (Information gathered in c. 1965; now in ruins).·Legend for sketch of José Oyarbide's sheepfold at Oltze, Aizkorri: **1.** Hut where the shepherd lived in the summer, divided into three areas: A. kitchen; B. bedroom; C. Cheese-room. **2.** *Baratzea* (vegetable patch). **3 and 4.** *Eilorra* with a two-sided roof made of sods. **5.** Kennel. **6.** Trough made out of a hollowed-out log for feeding the pigs.
The hut contains the following items: D. stools; E. table; F. hearth built into the corner; G. cot; H. small chest; I. cheese press; large hollowed-out beechwood log used to salt the cheeses in brine; P. doors; V. windows. There are also recipients and utensils for making the cheese, simple kitchen instruments, demi-johns, bottles, food, preserves, clothes, blankets, umbrellas, the shepherd's staff, tools, medicines, veterinary products, rat poison, mousetraps, religious images, medals, rosary beads and crosses.
E. **1.** *Urkiloa* - Aralar; *Mirabuztana* - Aizkorri **2.** *Pitzatue* - Aralar. **3.** *Laiategia* - Aralar. **4.** *Akatsa* - Aralar/Aizkorri; *Koskea* - Aizkorri. **5.** *Burnizuloa* - Aralar; *Zuloa* - Aizkorri; *Eztentxuloa* - Aizkorri. **6.** *Puntamotza* - Aralar/Aizkorri. **7.** *Garranga* - Aralar; *Pikarea* - Aizkorri. **8.** *Belarri osoa*.